气象人才资源结构分析与测评

李栋 肖芳 王喆 于丹 等 编著

图书在版编目(CIP)数据

气象人才资源结构分析与测评/李栋等编著. --北京:气象出版社,2021.6
ISBN 978-7-5029-7407-7

Ⅰ.①气… Ⅱ.①李… Ⅲ.①气象学—人才管理—研究—中国 Ⅳ.①P4

中国版本图书馆 CIP 数据核字(2021)第 057226 号

QIXIANG RENCAI ZIYUAN JIEGOU FENXI YU CEPING
气象人才资源结构分析与测评

出版发行：气象出版社
地　　址：北京市海淀区中关村南大街 46 号　　邮政编码：100081
电　　话：010-68407112(总编室)　010-68408042(发行部)
网　　址：http://www.qxcbs.com　　E-mail：qxcbs@cma.gov.cn
责任编辑：宿晓凤　邵　华　　终　　审：吴晓鹏
责任校对：张硕杰　　责任技编：赵相宁
封面设计：博雅锦
印　　刷：北京地大彩印有限公司
开　　本：710 mm×1000 mm　1/16　　印　　张：12.25
字　　数：233 千字
版　　次：2021 年 6 月第 1 版　　印　　次：2021 年 6 月第 1 次印刷
定　　价：108.00 元

本书如存在文字不清、漏印以及缺页、倒页、脱页等，请与本社发行部联系调换。

中国气象局气象软科学研究课题
《气象人才资源结构分析与测评》研究组

研究组成员（按姓氏笔画排序）：

于 丹　王 喆　王 妍　乐 青
吕丽莉　刘 蕊　刘 艺　李 栋
肖 芳　林 霖　林 巧　姜海如

统　稿：李 栋　肖 芳　姜海如　王 喆
　　　　于 丹　吕丽莉

加快构建具有全球竞争力的气象人才高地

（代序）

2019年12月，在庆祝新中国气象事业70周年之际，习近平总书记作出重要指示，充分肯定了气象事业70年发展取得的显著成就和做出的突出贡献，从战略和全局的高度，对新时代气象事业发展提出更高要求，指明了气象工作要始终坚持党的领导、坚持服务国家服务人民的根本方向，明确了气象工作关系生命安全、生产发展、生活富裕、生态良好的战略定位，擘画了推动气象事业高质量发展、加快建成气象强国的战略目标，明确指出要发挥气象防灾减灾第一道防线作用，强调要加快科技创新、做到监测精密预报精准服务精细，这是新时代推动气象事业高质量发展的根本遵循和行动指南。深入学习贯彻习近平总书记重要指示精神，不断提高气象服务保障能力，加快气象强国建设，努力为实现"两个一百年"奋斗目标、实现中华民族伟大复兴的中国梦做出新的更大的贡献，是气象部门一项长期的政治任务。

兴业之道，人才为先。推动气象事业高质量发展、加快建设气象强国，必然要求从战略和全局的高度，将人才工作摆到更加突出的位置，构建具有全球竞争力的人才高地。习近平总书记深刻指出，发展是第一要务，人才是第一资源，创新是第一动力。人才引领气象科技创新、驱动事业发展变革，日益成为提升业务实力、科技实力、服务实力等气象综合实力的关键因素，也是加快建成气象强国、赢得国际竞争主动的战略资源。

人才流动、人才资源竞争有其规律性。关于人才竞争力的研究，已经成为各国、各区域、各行业共同关注的重大课题，也是当今和未来人才战略研究的核心议题之一。2017—2020年，中国气象局气象软科学研究项目"气象人才可持续竞争力研究"，通过持续地跟踪调研，努力探寻区域人才流动与人才发展环境之间的深层关系。研究发现，区域气象发展与人才发展之间是相互支撑、相互成就的辩证关系，而区域人才发展与人才环境之间也是互相联系、互相依存的关系。推动气象事业高质量发展必须以人才发展为依托，人才发展又必须以事业发展、科技创新为主轴。生态优，则人才聚、事业兴；生态劣，则人才散、事业衰。高质量的人才资源生态环境是确立区域人才资源优势、提高人才资源可持续竞争力的重要保证。

党的十九届五中全会审议通过的《中共中央关于制定国民经济和社会发展第十四个五年规划和二〇三五年远景目标的建议》强调，贯彻尊重劳动、尊重知识、尊重人才、尊重创造方针，深化人才发展体制机制改革，全方位培养、引进、用好人才，造就更多国际一流的科技领军人才和创新团队。当今世界正经历百年未有之大变局，在危机中育先机、于变局中开新局，需要我们既实行高水平对外开放，开拓合作共赢新局面，又坚持气象科技自立自强。紧紧抓住生态链和价值链的关键环节，大力构建气象人才创新发展的优质生态圈，努力形成人人渴望成才、人人努力成才、人人皆可成才、人人尽展其才的良好局面，就能让各类人才的创造活力竞相迸发、聪明才智充分涌流，聚天下英才而用之，打造集聚国内外优秀人才的气象创新高地。

希望气象人才可持续竞争力研究课题组继续深化研究，就我国气象人才与欧美发达国家气象人才竞争力进行测评分析，提出优化我国气象人才资源生态环境、提高我国气象人才资源可持续竞争力的政策举措，加快构筑具有全球竞争力的气象人才战略高地，为推动气象事业高质量发展、加快建成气象强国提供有力支撑。

于新文
2021年6月

前　言

国以才立，政以才治，业以才兴。人才是经济社会发展的战略资源。在人类社会发展进程中，人才是社会文明进步、人民富裕幸福、国家繁荣昌盛的重要推动力量。习近平总书记强调，人才是事业发展最宝贵的财富，人才资源是党执政兴国的根本性资源。70 多年来，气象事业在发展中培养造就了一批综合素质高、规模与发展相适应的人才队伍。气象科技队伍的整体素质不断增强，气象人才竞争力显著提升。

当今世界，人才资源作为最具竞争性的战略资源，其可持续竞争力的强弱决定着一个国家、地区、行业、产业综合实力的强弱。加强气象人才资源可持续竞争力的研究，有助于推动气象事业高质量发展，全面提高气象服务保障能力，加快建设世界气象强国。2017 年，中国气象局下达气象软科学研究项目"气象人才资源可持续竞争力研究"。作为软科学重点项目，该研究旨在通过构建较为科学的人才资源可持续竞争力评价指标体系和测评模式，对全国气象人才资源可持续竞争力进行客观测评、分析，为气象事业持续健康发展的人才资源整体性开发、提升人才资源可持续竞争力，最大限度吸引人才、合理使用人才、不断优化人才发展环境提供理论与实践参考。

气象人才资源可持续竞争力研究课题组在研究过程中突出了四个特点。一是突破性。课题研究从可持续发展的战略角度，提出了人才资源可持续竞争力的定义，研究了气象人才资源可持续竞争力的内涵，首次构建了气象人才资源可持续竞争力测评指标体系。二是实证性。课题研究在测评人才资源可持续竞争力的过程中，建立了气象人才资源可持续竞争力的测评数学模型，提出了气象人才资源可持续竞争资产负债理论，并依据测评模式、资产负债理论，对全国各省（区、市）气象部门的人才资源可持续竞争力的状态、水平、质量进行了多角度、多层次、多方位的测量和评估,对各省(区、市)气象部门搞清自身人才竞争力的地位和处境,进而提高人才工作的针对性提供了一定的理论依据。三是可操作性。课题研究在综合对比分析气象人才资源可持续竞争力面临挑战的基础上,对如何提升气象人才资源可持续竞争力进行了对策性的思考,并提出了诸多可操作性的政策建议。四是可持续性。课题研究构筑的人才竞争力测评指标体系,建立的多个数学测评模型,为气象人才资源竞争力的持续化研究提供了可能。

课题组经过系统研究分析,在征求中国气象局机关、直属单位、部分省(区、市)气象局领导和专家意见的基础上,于 2019 年形成研究成果《气象人才资源可持续竞争力测评报告》。

在气象人才资源可持续竞争力研究的基础上,本书对研究成果进一步整理和完善,增加绪论、气象人才资源结构分析、气象人才可持续发展面临的挑战及战略选择等相关内容。全书共有 7 章。第 1 章对全书主要研究的基本问题进行了综述。第 2 章和第 3 章分别从气象部门、气象科研教育与行业三方面全面梳理分析了气象人才资源的现状。第 4 章研究了气象人才资源评估指标体系构建和测评方法,从人才结构、人才创新能力、人才流动倾向及人才生态环境四个方面构建了评估指标体系。第 5 章选取全国气象部门 2007—2017 年与本研究相关的数据,对气象人才资源进行实证评估。第 6 章分析了气象人才资源面临的新形势和新问题。第 7 章在分析气象人才资源可持续发展战略思路的基础上,对新时代气象人才可持续发展提出六点建议。各章主要执笔人员如下:第 1 章姜海如、李栋、林霖;第 2 章肖芳、王妍;第 3 章刘蕊、林巧、乐青、刘艺;第 4 章吕丽莉、李栋;第 5 章李栋、于丹;第 6 章于丹、吕丽莉;第 7 章王喆、肖芳。全书由李栋、肖芳、姜海如等同志统稿并审定。

课题组的研究和本书的编写,得到了许多领导和专家的悉心指导,得到了中国气象局机关、直属单位和有关省气象局的大力支持,参引了《气象软科学》刊用的有关研究成果。在此,对所有专家表示衷心的感谢!对所有参与编研的人员致以最诚挚的谢意!同时,作为研究成果,因时间有限,资料和数据收集整理任务较重,编者水平有限,经验不足,难免存在疏漏和不妥,尚有诸多待完善之处,敬请广大读者提出宝贵意见和建议。

目　录

加快构建具有全球竞争力的气象人才高地(代序)

前言

第 1 章　绪论

1.1　结构分析与评估的由来/3

1.2　研究涉及的基本问题/4

第 2 章　气象部门人才资源结构分析

2.1　气象部门人才资源发展概况/13

2.2　气象部门人才资源结构/14

2.3　气象部门人才资源层级与区域分布/21

2.4　气象部门人才资源趋势预测/25

第 3 章　气象科研教育与行业人才资源分析

3.1　科研机构气象人才资源分析/33

3.2　教育机构气象人才资源分析/41

3.3　行业部门气象人才资源/60

第 4 章　气象人才资源评估指标体系构建

4.1 气象人才资源可持续发展指标体系构建/67

4.2 气象人才资源可持续发展力测评方法/70

第 5 章　气象人才资源评估实证与分析

5.1 气象人才资源现实水平测评/81

5.2 气象人才资源可持续发展测评/100

5.3 气象人才资源分项测评结果与分析/114

5.4 气象人才资源资产负债测评/130

5.5 气象人才资源评估实证小结/134

第 6 章　气象人才资源可持续发展面临的挑战

6.1 新时代气象人才资源面临的新形势/151

6.2 新时代气象人才资源面临的新问题/154

第 7 章　气象人才资源可持续发展战略选择

7.1 气象人才资源可持续发展战略思路/169

7.2 新时代气象人才可持续发展的建议/179

主要参考文献/186

第 1 章
绪 论

国以才立，政以才治，业以才兴。人才是经济社会发展的战略资源。在人类社会发展进程中，人才是社会文明进步、人民富裕幸福、国家繁荣昌盛的重要推动力量。习近平总书记强调，人才是事业发展最宝贵的财富，人才资源是党执政兴国的根本性资源。习近平总书记指出，发展是第一要务，人才是第一资源，创新是第一动力。气象事业是科技型、基础性社会公益事业，对国家安全、社会进步具有重要的基础性作用，对经济社会发展具有很强的现实性作用。

1.1 结构分析与评估的由来

新中国成立70多年来,特别是改革开放以来,党和国家对气象事业发展高度重视,采取了一系列的政策措施,促进了气象人才资源作用的充分发挥,有力地推动了我国气象事业快速发展。在新中国气象事业70周年之际,习近平总书记专门作出重要指示,他强调气象工作关系生命安全、生产发展、生活富裕、生态良好,做好气象工作意义重大、责任重大。他要求广大气象工作者发扬优良传统,加快科技创新,做到监测精密、预报精准、服务精细,推动气象事业高质量发展,提高气象服务保障能力,发挥气象防灾减灾第一道防线作用,努力为实现"两个一百年"奋斗目标、实现中华民族伟大复兴的中国梦作出新的更大的贡献。习近平总书记对气象事业发展取得的成绩给予充分肯定,同时对广大气象工作者提出了新的要求。广大气象工作者是气象人才资源的构成主体,是实现气象现代化和建设现代化气象强国的支撑力量。

加快科技创新,推动气象事业高质量发展,迫切需要高质量的、具有可持续竞争力的人才资源。70多年来,气象事业在发展中培养造就了一批综合素质高、规模与发展相适应的人才队伍。气象科技队伍的整体素质不断增强,气象人才竞争力显著提升。当今世界,人才资源作为最具竞争性的战略资源,其可持续竞争力的强弱决定着一个国家、地区、行业、产业综合实力的强弱。加强气象人才资源可持续竞争力的研究,有助于推动气象事业高质量发展,全面提高气象服务保障能力,加快建设世界气象强国。

为全面贯彻落实中央人才工作精神,根据《国家中长期人才发展规划纲要(2010—2020年)》和《气象发展规划(2011—2015年)》的有关要求,中国气象局编制了《气象部门人才发展规划(2013—2020年)》,明确了全国气象人才资源结构不同阶段的发展指标(表1.1)。由于气象人才资源结构呈现动态变化特点,并不断实现优化,因此自2014年以来,《中国气象发展报告》每年都对气象人才资源结构进行动态评估。进入2021年,既需要对过去10年气象人才规划实施情况进行评估,更需要根据建设现代化气象强国目标,对未来10年、15年气象部门的人才发展进行科学规划。因此,对气象人才资源进行系统性评估,不仅是客观总结气象发展的需要,更是支撑未来气象发展战略的需要。

表 1.1　全国气象人才资源结构不同阶段的发展指标

	指标	2010 年	2015 年	2020 年
国家编制人才结构	硕士和博士人才数量	4500 人	7000 人	10000 人
	大学本科以上学历人才比重	53.8%	64%	74%
	高级职称人才比重	13.2%	18%	23%
	中级以上职称人才比重	57.2%	70%	80%
	大气科学类专业人才比重	41.8%	45%	55%

为推进《气象部门人才发展规划（2013—2020年）》的落实，在规划的"考核评价机制"中，明确提出了建立健全专业技术人才分类评价制度，建立科学的干部绩效考评制度，积极采用各种现代人才测评技术，创新评价方法，努力提高人才评价的科学性。根据中国气象局人才发展规划提出的要求，近年来，设立了气象软科学项目"气象人才资源可持续竞争力研究"，并组织开展了专题研究，2019年形成了研究成果《气象人才资源可持续竞争力测评报告》，为系统开展气象人才资源结构分析与评估奠定了坚实基础。

1.2　研究涉及的基本问题

气象人才资源结构分析与评估研究所涉及的内容非常广泛，为便于与大家取得共识，本节重点介绍该研究涉及的主要基本概念、分析与评估的目的及意义等基本问题。

1.2.1　主要基本概念

1.2.1.1　气象人才

人才是一个广义的概念，在现实经济社会发展中，人才具有相对性、时间性和空间性的表征。对于什么是人才，目前并没有固定且权威的界定，不同时期、不同地域、不同范围对人才的界定，均有不同的标准。

广义的人才，是指具有一定的专业知识或专门技能，进行创造性劳动并对社会做出贡献的人，是人力资源中能力和素质较高的劳动者，人才是经济社会发展的第一资源。狭义的人才，即指在某一方面有特长或有本事的人。

通常情况下，划分人才类型会采用不同标准，按照国际上的划分方法，普遍认为人才分为学术型人才、工程型人才、技术型人才、技能型人才四类。按照人才级次来划分，可分为初级人才、中级人才、高级人才等。按照年龄段来划分，可分为中青年人才、中老年人才、离退休人才等。

在我国，人才的概念随着时代的变化而变化。在20世纪50年代，人才主要突出的技术专业，如在国民经济第一个五年计划中，中央强调"必须更加合理地有效地使用和提高现有的技术人才，加强技术组织工作和在企业中培养技术人才的工作"。1982年，《国务院批转国家计划委员会关于制定长远规划工作安排的报告的通知》中明确提出了"专门人才"概念，从学历和专业能力作出了明确界定：一是具有中专及以上学历者（不限专业）；二是具有初级以上专业技术职称的人和相当于初级以上专业技术职称的人（不限于技术）。随着经济社会发展，人才内涵不断丰富，人才评价标准不断变化。2003年12月，《中共中央、国务院关于进一步加强人才工作的决定》，一是提出了我国人才分类，"大力加强以党政人才、企业经营管理人才和专业技术人才为主体的人才队伍建设"，即分为党政人才、企业经营管理人才和专业技术人才三大类别；二是提出新标准，"把品德、知识、能力和业绩作为衡量人才的主要标准"，在实际工作中一般简称"德、能、勤、绩"，后来在对公职人才评价中还逐步增加了"学、廉"作为评价标准。

2018年2月，中共中央办公厅、国务院办公厅印发《关于分类推进人才评价机制改革的指导意见》，对人才的评价机制提出了新的要求。

一是分类更加广泛。提出了以职业属性和岗位要求为基础，健全科学的人才分类评价体系。根据不同职业、不同岗位、不同层次人才特点和职责，坚持共通性与特殊性、水平业绩与发展潜力、定性与定量评价相结合，分类建立健全涵盖品德、知识、能力、业绩和贡献等要素，科学合理、各有侧重的人才评价标准。

二是品德评价更加突出。提出了坚持德才兼备，把品德作为人才评价的首要内容，加强对人才科学精神、职业道德、从业操守等评价考核，倡导诚实守信，强化社会责任，抵制心浮气躁、急功近利等不良风气，从严治理弄虚作假和学术不端行为。完善人才评价诚信体系，建立诚信守诺、失信行为记录和惩戒制度。探索建立基于道德操守和诚信情况的评价退出机制。对品德的评价内容更加具体化和更具有操作性，为新时代我国人才工作健康发展指明了方向。

三是评价标准更加全面科学。提出了坚持凭能力、实绩、贡献评价人才，克服唯学历、唯资历、唯论文等倾向，注重考察各类人才的专业性、创新性和履责绩效、创新成果、实际贡献。着力解决评价标准"一刀切"问题，合理设置和使用论文、专著、影响因子等评价指标，实行差别化评价，鼓励人才在不同领域、不同岗位做出贡献、追求卓越。

气象人才概念是国家人才概念在部门的具体化。早期气象人才的概念，从学历看，是指具有气象中专以上学历和以气象为主体的大专以上学历人员；从专业技术看，是指具有初级以上气象专业或相关专业技术职称为主体的人员；从管理能力看，是指具备相应学历条件和达到胜任某一管理岗位能力要求的人员；从层级看，是指处在不同层级而能达到与本层级专业职位要求相适应水平的人员。随着气象事业的发展，气象人才的学历和专业问题已经不再突出，气象人才以气象专业为主体或气象相关专业为背景的结构体系已经形成。因此，在党的十九大以后，根据中央新的人才评价精神，气象部门及时作出调整。气象人才评价更加突出品德标准，把品德作为人才评价的首要内容；更加全面科学，十分注重考察各类气象人才的专业性、创新性和履责绩效、创新成果和实际贡献。

1.2.1.2 气象人才资源

人才资源是指人才内在的一种能力，体现在人才群体身上，并以人才的数量、质量和可转化为生产力能力要素来表示的资源，也是指在一般人力资源中素质层次和能力水平较高的那一部分人员。因此，"人才"和"人才资源"是两个既相互联系，又不同差别的概念。人才资源，一般具有内在素质的优越性、劳动过程的创新性和劳动成果的创造性、贡献超常性、资源的稀缺性等特征。作为资源的人才，是一种潜在或显现的人才。潜在的人才资源需要被挖掘、开发出来，才能被利用，才能成为真正的人才，才能发挥人才的作用，才能真正具有竞争力；显现的人才资源，则需要科学配置和有效利用，才能发挥出人才资源的价值。

人才资源的分类：一方面，可按所学专业，划分为自然科学技术人才资源与哲学社会科学专业人才资源两大类，各大类又可按学科和专业门类再细分，如自然科学技术人才资源中的工程技术人才、科学研究人才等，其中工程技术人才再细分为气象工程技术人才、水利工程技术人才、地震工程技术人才等人才资源；另一方面，可按从事主业工作性质，划分为专业技术人才、企业经营管理人才、党政管理人才、技能人才等。

气象人才资源，是指内在地具有气象专业和气象相关专业所需要的一种潜在和显现的专业能力的人才，体现在气象人才资源群体身上，并以气象人才的数量、质量和可转化为气象领域生产所需要的能力要素来表示的资源。气象人才资源与气象人才也有所不同，因为并非所有的气象人才都属于气象人才资源，如不再从事气象业务服务和气象管理工作、不再从事气象科研与教学及气象相关活动的气象人才等。也有少数没有气象专业或气象相关专业背景的人才却属于气象人才资源的情况，如一些学习其他专业而参与气象事业发展的人才，还有一些其他领域的专家、学者愿意参加气象领域的相关研究，也属于气象人才资源。

1.2.1.3 气象人才资源可持续发展

人才资源的可持续发展，一方面是指人才资源在数量上比前期有所增长，是一种外延型发展；另一方面是指人才资源在质量上的提高，包括综合素质、专业素质、专业水平、综合能力和专业能力等，人才质量可通过人才的学习力、创新力和工作实践而得到提升，是一种内涵型发展。

人才资源可持续竞争力（Human Talents Resources Sustainable Competitiveness，简称 HSC），一般是指人才群体在经济社会生活的博弈、竞争、对抗中持续性的综合实力及相对位势。其实质是一个国家、地区和单位人才资源数量、质量、效益、创新能力、生态环境等各类人才资源因素的有机综合和高度凝聚，是各类人才因素持续性的能量化。

在市场经济占主导地位的情况下，HSC 是衡量人才资源可持续发展程度、人才资源可持续优势的最主要、最有效的指标。只有对 HSC 进行定量化的统计分析，全方位、多层次地测量与评估 HSC 各构成要素对 HSC 的影响程度，评估不同区域、不同单位之间 HSC 的对比关系，系统测量、分析和评估特定区域或某个单位的 HSC 水平，在对比分析中找出存在的主要问题，同时提出相应的战略决策和实施方案，才能不断提高 HSC 水平，助力该地区或单位可持续、高质量发展。

气象人才资源可持续发展，则是指气象人才群体在支撑气象事业发展中实现力和持续力的综合反映，是气象系统、地区和单位气象人才资源数量、质量、效益、创新能力和生态环境等各类人才资源因素的有机综合和高度凝聚的综合反映，是气象人才资源能量持续性的反映。因此，通过科学的气象人才资源结构分析与评估，能客观地反映气象人才资源可持续发展的能力与水平。

1.2.2 分析与评估的目的及意义

1.2.2.1 气象人才资源评估的目的

气象人才资源评估的主要目的是获得被评估的气象单位其气象人才资源的综合情况，从不同视角进行分析和评估会有不同目的。按不同的气象人才资源需求，气象人才资源评估的目的主要反映在以下方面：

一是为引进气象人才提供依据。气象单位为满足气象业务服务或科技教育或气象管理所需，从单位外部招聘或选择适宜人才。这里的"适宜"就是经过分析或评估后，为解决现实的或持续的气象工作需要而引进的人才，以达到气象单位预期的人才资源要求。

二是比较气象人才资源水平。气象单位为全面了解气象人才资源情况，通过纵向（时间）比较和横向（不同单位）比较，开展科学客观的气象人才资源分析与评估，以掌握气象人才资源的历史水平和处在不同单位之间的现实水平情况，并进一步认识气象事业发展水平与气象人才资源配置的相关性关系。

三是掌握气象人才资源变化规律。气象人才资源发展与配置受到许多内部和外部因素的影响，并呈一定的规律性，气象单位为有效把握这些影响因素和客观规律，通过开展气象人才资源分析与评估，有针对性地采取相应对策，从而始终保持气象人才资源的可持续竞争力。

1.2.2.2 气象人才资源评估的特征

受许多因素的影响，气象人才资源分析与评估具有以下特征：

一是动态性。气象人才资源需要从动态的角度去评估，这是由气象人才资源在时空分布上的动态性决定的。气象人才资源分析与评估存在现实水平和持续水平的问题，而且受内外部政策和环境变化的影响，气象人才资源分析与评估还存在不确定性，因此，实行动态评估是气象人才资源评估最显著的特征。

二是预测性。这是指用气象人才资源的未来状况和潜能说明现实。现实的气象人才资源评估应当反映气象人才资源的未来潜能和变化状况，而未来潜能和变化状况则体现现实评估的意义。但由于气象人才资源的能动性，使未来潜能和变化状况往往具有较大的不确定性，因此，气象人才资源分析与评估也带有较大的预测性。

三是关联性。这是指表征全面气象现代化水平的因子，包括气象人才资源、物质资源、科学技术资源、政策资源和社会参与资源等诸要素的共同贡献，而各种资源对气象现代化水平发挥作用的方式不同。因此，在进行气象人才资源分析与评估时，需要考虑不同要素的关联性。这些关联性因素可能成为影响许多地区气象人才资源可持续竞争力的重要因子。

四是参考性。这是指气象人才资源分析与评估的结论，为气象人才资源决策提供比较专业的意见。这个意见本身并无实际执行的效力，分析评估结论仅对其本身是否合乎规范要求负责，但可为气象人才资源决策提供参考。

1.2.2.3 气象人才资源评估的意义

气象人才资源分析与评估，是认识气象人才资源规律，科学配置气象人才资源的有效方法。开展气象人才资源分析与评估，具有以下意义：

一是为气象管理者制定和实施人才策略提供依据。通过对气象人力资源的评估，可以使气象管理者全面客观地了解气象人才资源状况，以便更好地把握气象人才资源现实水平和可持续发展水平，为进行科学合理的气象人才资源引进、配置、使用、开发和调整提供参考依据。

二是为气象单位评价和认识气象人才资源提供参考。发展是第一要务，人才是第一资源，创新是第一动力，已经成为新时代的共识。任何一个系统、部门和单位都必须客观认识和准确把握自身的人才资源状况，才可能把第一资源配置好，气象单位也是如此。这就需要动态地和客观地对气象人才资源进行分析和评估，从而为气象单位评价和认识气象人才资源提供参考。

三是为不断优化气象人才资源提供依据。气象人才资源建设是一个不断发现问题、不断解决问题、不断推进气象人才资源结构优化和资源最大化利用的有序过程。既应避免人才资源建设的盲目性，又应不断发现人才资源存在的短板，不断优化人才资源结构，这就需要以科学的气象人才资源分析与评估为基础。通过气象人才资源分析与评估，可以准确及时地为人才资源建设决策提供客观依据，以便及时调节、完善和改进气象人才资源结构，不断优化气象人才资源配置。同时帮助气象部门不同决策者发现人才资源问题，主动改善本单位的人才资源结构，不断优化人才资源配置，并自觉使人才资源转化为现实气象发展能力。

当然，在气象人才资源分析和评估实践中发现，由于气象人才资源自身的不确定性、人才资源的流动性、人才资源信息的不完全对称性，以及分析与评估标准与实际人才的差异性，距离真正形成科学的人才资源评估结果还有较大差距，但通过坚持开展持续性的分析与评估，不断克服一些非客观因素和干扰性因子，气象人才资源分析与评估的结果将一定会越来越科学，越来越具有应用和参考价值。

第□章
气象部门人才资源结构分析

气象人才资源是提高气象综合实力和核心竞争力的第一宝贵资源。经过长期实施气象人才发展战略,气象部门培养造就了一支具有较高政治素质和专业技术能力的气象人才队伍,为气象事业发展提供了有力的人才资源支撑。

2.1 气象部门人才资源发展概况

新中国成立之初,人才队伍不足是制约气象事业发展的最突出问题之一。在当时条件下,气象部门主要采取短期培训专业人员的办法,培养训练了大量初、中级气象技术人员,气象人才队伍到20世纪60年代初明显好转,但总体上仍不乐观。到1979年年底,全国气象职工队伍增至53 000多人,大专文化程度以上人员仅占总人数的13.2%,中专或高中文化程度人员占86.5%。

改革开放以后,气象部门针对人才队伍不适应气象现代化发展要求的主要矛盾,根据中央干部人事政策,一方面引进、召回一大批优秀专业技术人才,另一方面加强大中专气象学历教育,使全国气象人才队伍状况逐步改善。到1999年,气象人才队伍总量基本稳定,队伍素质有了明显提高,全国气象部门具有本科以上学历人数比例达到19.2%,比改革开放初期的1983年提高了10.1个百分点。

进入21世纪以来,气象现代化对气象人才队伍建设提出了更高要求。中国气象局始终坚持党管人才的原则,全面实施人才强局战略,出台了《中国气象局党组关于进一步加强党管人才工作的意见》《中国气象局关于加强气象人才体系建设的意见》《气象部门人才发展规划(2013—2020年)》,制定实施"323"人才工程、"特聘专家计划""科技业务骨干计划"等一系列配套政策措施,大力实施国家"百千万人才工程"和中国气象局气象人才工程,着力加强高层次人才、骨干人才、青年人才队伍建设,人才队伍整体素质明显提高,知识结构、专业结构、岗位结构、区域结构逐步改善。

通过全面实施气象人才发展战略,高层次人才、骨干人才和基层人才队伍建设取得显著进展,形成了一支以大气科学为主体,多种专业有机融合的气象人才队伍,队伍结构逐步得到优化。气象部门从事气象业务、服务、科研和教育及其他工作人员的数量,由改革开放初期的6万多人发展到现在的约10万人,还有约3万名人工影响天气兼职作业人员和70多万名兼职气象信息员。在气象事业发展重点领域培养集聚了一批高水平业务技术带头人和创新团队,带动了气象业务服务科研骨干人才队伍发展。

截至2019年年底,全国气象部门拥有两院院士9人,入选百千万人才工程国家级人选40人次、国务院政府特殊津贴在职专家65人。围绕气象科技重点领域引进中国气象局特聘专家20人，在聘中国气象局首席预报员、首席气象服务专家、科技领军人才共123人，专业技术二级岗位专家130余人，正高级职称专家1400余人。在国家气象科技创新工程三大核心技术领域和台风暴雨强对流天气预报、地面观测自动化、气象卫星资料应用新技术研究与开发等气象事业发展重点领域、急需领域，建设了12支不同层级的创新团队。3个重点领域创新团队获得国家科技计划支持或表彰。拥有国家"创新人才培养示范基地""海外高层次人才创新创业基地""国际科技合作基地"。此外，入选地方和领域人才工程的高层次专家累计达到80余人。高层次骨干人才队伍在全面推进气象现代化、气象防灾减灾和应对气候变化等各项业务服务科研工作中做出了积极贡献，发挥了示范引领效应。

2.2 气象部门人才资源结构

2.2.1 全国气象部门人才资源总体情况

1981—2017年，全国气象部门职工总量保持在5.6万～7.3万人（图2.1）。2014年职工总数最多，约7.3万人；2003年职工总数最少，约5.7万人；2019年约7.2万人。

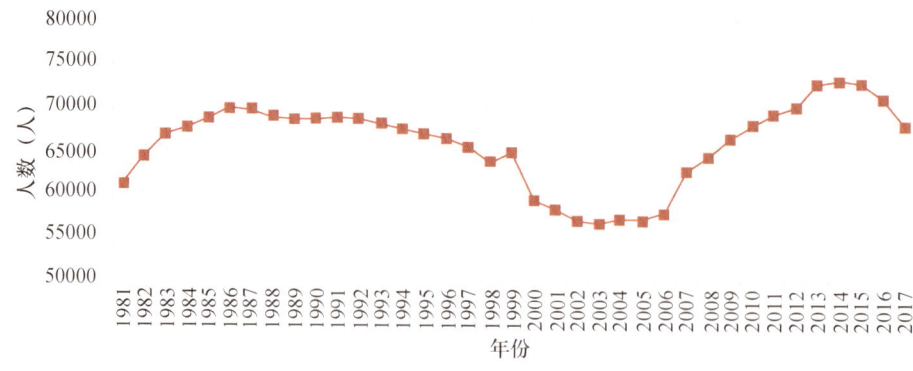

图2.1 1981—2017年全国气象部门职工总量变化

截至2019年年底，全国气象部门在职人员共7.2万余人，其中编制内人员5.7万余人，编外聘用1.3万余人，劳务派遣1600余人。编制内人员中，国家编制在职人员共有近5.2万人，其中参公人员1.5万人，事业单位人员3.7万余人，地方气象编制人员近5000人（图2.2，表2.1）。从31个省（区、市）气象部门国家编制在职人员情况来看，四川省气象部门人数最多，在职人员超过3000人。

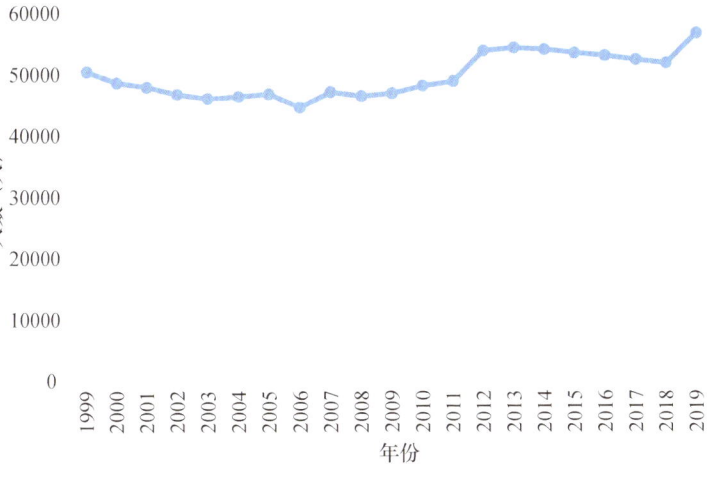

图2.2 1999—2019年全国气象部门国家编制在职人员总量变化

表2.1 2008—2019年全国气象部门各类身份人员占比变化

年份	国家编制人员	地方编制人员	社会用工人员
2008	81.40%	2.02%	18.60%
2009	78.59%	2.30%	20.37%
2010	77.25%	2.31%	20.69%
2011	75.83%	2.58%	21.59%
2012	75.26%	2.85%	21.89%
2013	71.38%	3.37%	25.25%
2014	69.87%	4.27%	25.86%
2015*	73.61%	—	26.39%
2016*	74.99%	—	25.01%
2017*	77.36%	—	22.64%
2018*	79.29%	—	20.71%
2019	71.98%	6.90%	18.83%

注：*2015—2018年全国气象部门国家编制人员与编外人员占比总和为100%。

2.2.2 全国气象部门人才资源结构

2.2.2.1 气象人才资源学历结构

1979年年底,全国53 000多人的气象职工队伍中,大专以上文化程度人数占总人数的13.2%,初中及以下文化程度人数占54.5%。到2019年,全国气象部门在职员工中,研究生占总人数的17.1%,本科以上文化程度占总人数的84.9%,大专及以下文化程度仅占15.5%。1981—2019年,气象部门在职人才队伍学历水平显著提升,本科及以上学历职工占比由8.0%提升到84.9%,提高了76.9个百分点(图2.3),研究生学历职工占比由0.1%提升到17.1%,提高了17个百分点(图2.4)。

截至2019年年底,全国气象部门国家编制在职人才队伍中,研究生学历占17.1%,本科学历占67.8%。总体来看,国家编制在职人才队伍的学历水平持续稳步提高,本科以上学历人数所占比例较2018年提高了1.1个百分点,较2010年提高了31.1个百分点;研究生以上学历人数所占比例较2018年提高了0.2个百分点,较2010年提高了9.9个百分点。31个省(区、市)气象部门学历分布差距依然明显,在职人才队伍本科以上学历占比最高(94.5%)的省份(北京市)与最低(70.5%)的省份(新疆维吾尔自治区)之间的差值为24个百分点。

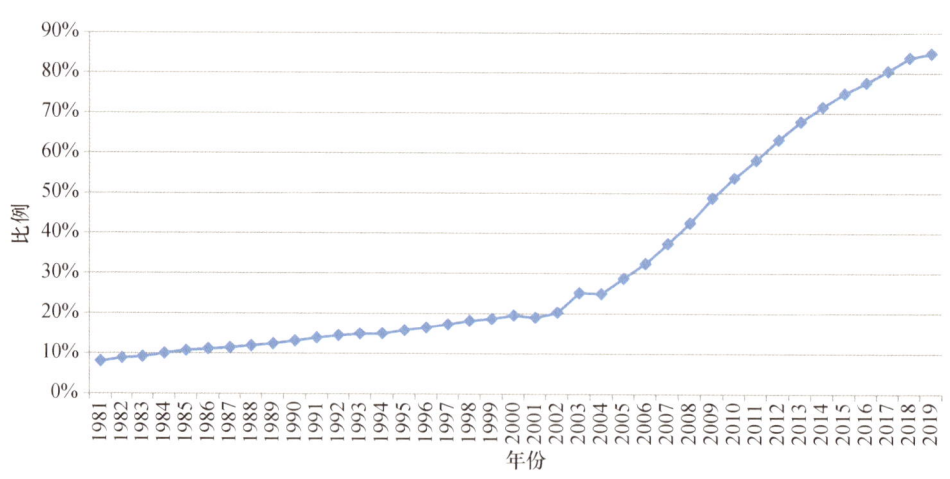

图2.3 1981—2019年全国气象部门国家编制在职人才队伍本科以上学历占比

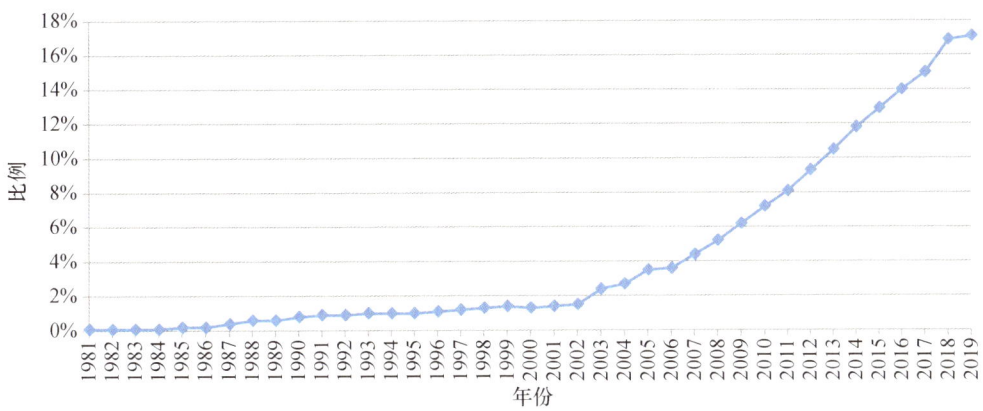

图 2.4　1981—2019 年全国气象部门国家编制在职人才队伍研究生以上学历占比

2.2.2.2　气象人才资源专业结构

气象部门在职人才资源中，大气科学专业人才占比稳定上升，从 2010 年的 41.2% 提升到 2019 年的 50.5%，提高了 9.3 个百分点。到 2018 年年底，气象部门人才中大气科学专业占比 49.9%；地球科学其他专业占比 6.6%；信息技术专业占比 19.8%；其他专业占比 23.7%。截至 2019 年年底，气象部门国家编制人才队伍中，大气科学类专业占比 50.5%；地球科学类其他专业占比 7%；信息技术类专业占比 19.6%；其他专业占比 22.9%。总体来看，气象在职人才队伍专业结构不断优化，大气科学类专业人才占比保持稳定（图 2.5）。

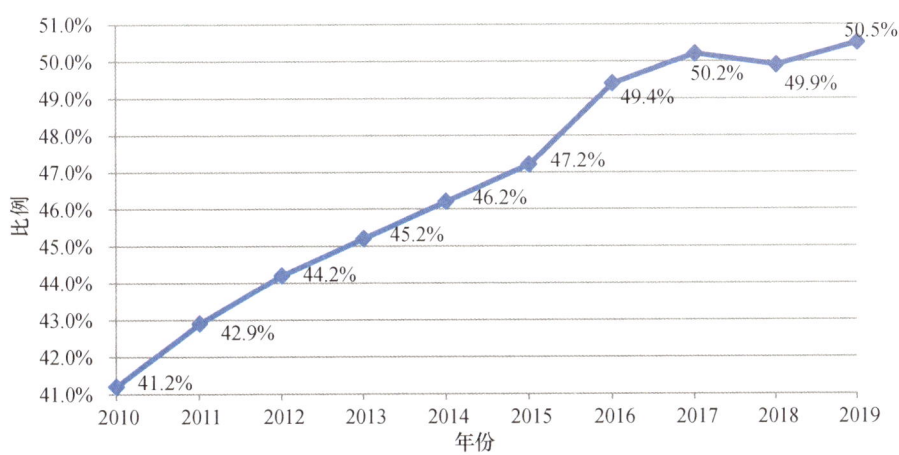

图 2.5　2010—2019 年全国气象部门国家编制在职人才队伍大气科学类专业占比

2.2.2.3 气象人才资源职称结构

改革开放初期，气象部门中高级职称人才占比很低，随着职称制度改革的不断深入和部门人才层次的不断提高，气象部门中高级职称人才占比大幅提高。到2019年年底，气象部门在职职工拥有各类专业技术职称的人员占比94.5%。2019年拥有各类专业技术职称的人员数和上年基本持平，但正研、副研级等高级职称比例逐年上升。2019年气象在职职工各类专业技术职称占比中，正研级职称1448人，占队伍总量的3%；副研级职称10 359人，占比21.1%；中级职称23 397人，占比47.7%（图2.6）。2019年正研级职称人数较2009年增加近1000人，副研级职称人数较1999年、2009年分别增加6828人、4292人（图2.7）。

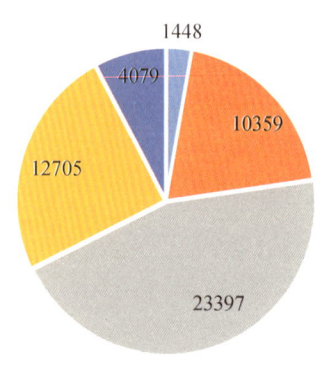

图2.6　2019年全国气象部门国家编制在职人才队伍职称分布状况（单位：人）

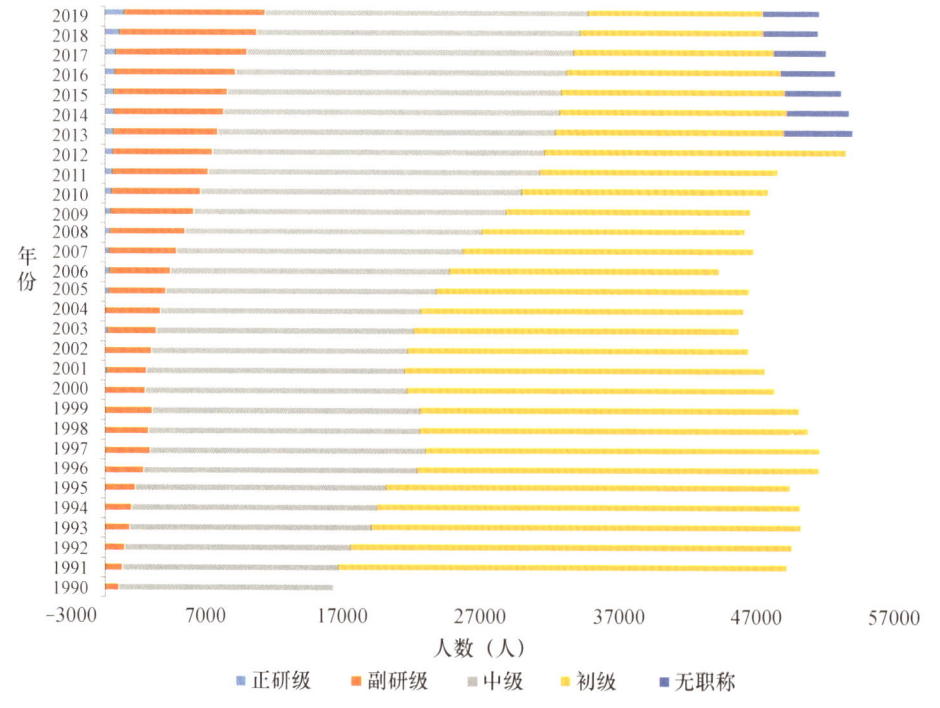

图2.7　1990—2019年气象在职职工人才队伍专业技术职称数量变化情况

截至 2019 年年底，正高级职称人员数量较 2010 年增长了近两倍，拥有正高级职称人员数量持续稳步增加（图 2.8）。

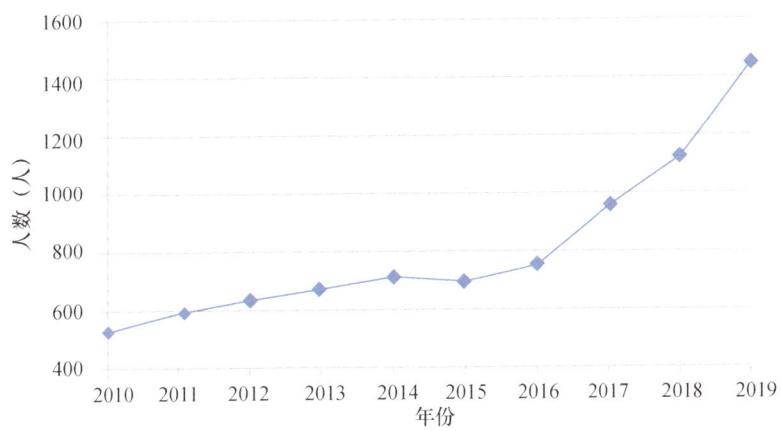

图 2.8　2010—2019 年正高级职称人员数量变化情况

2.2.3　全国气象部门党员人才资源[①]

截至 2019 年年底，全国气象部门共有各级党组织 5945 个，其中党组 1232 个、党委 167 个、党总支 232 个、党支部 4314 个（图 2.9）。全国气象部门党的政治建设、思想建设、组织建设、作风建设、纪律建设和制度建设显著增强。

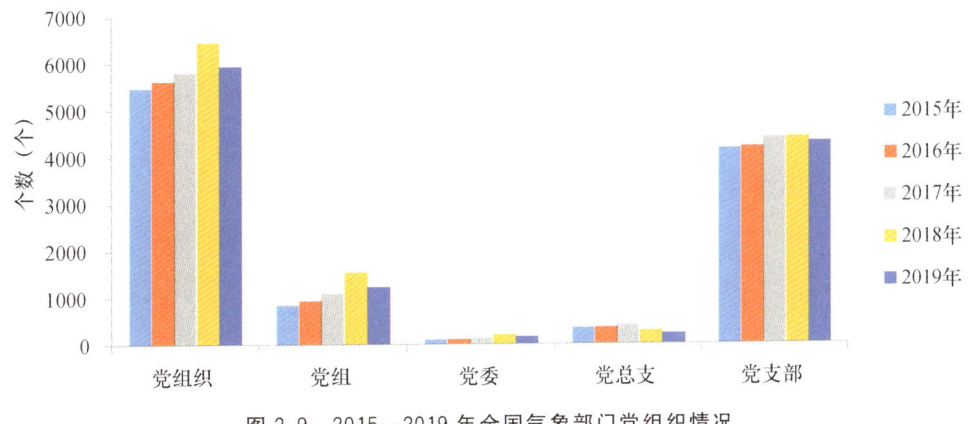

图 2.9　2015—2019 年全国气象部门党组织情况

---

① 资料来源：中国气象局直属机关党委。

截至 2019 年年底，全国气象部门共有党员 55 131 人，其中，在职党员 37 918 人，离退休党员 17 213 人（图 2.10）。

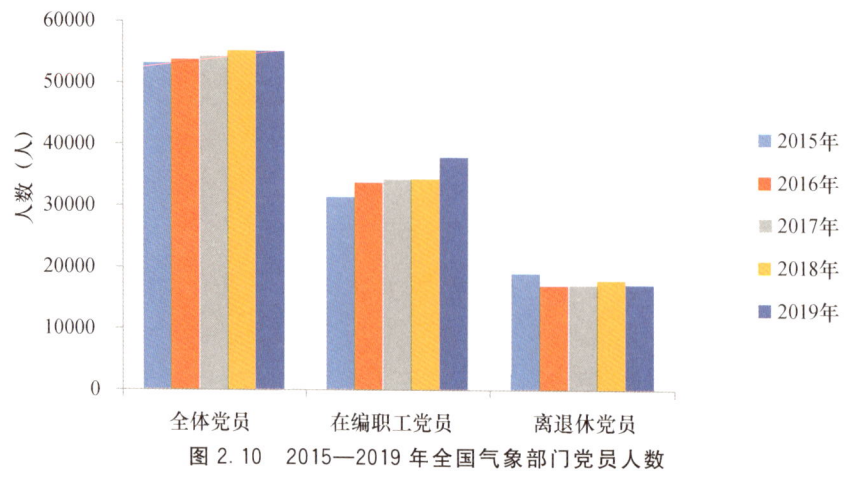

图 2.10　2015—2019 年全国气象部门党员人数

2.2.4　气象智库人才资源不断扩大

2.2.4.1　成立中国气象事业发展咨询委员会

2018 年 10 月 18 日，中国气象事业发展咨询委员会（以下简称咨询委员会）正式成立。作为气象高端智库，咨询委员会围绕气象事业改革发展和科技创新、气象参与和服务国家重大战略等方面开展高水平战略谋划与决策咨询，为推动气象事业高质量发展献计出力。27 名委员来自气象以及政治、经济、文化、社会、生态等相关领域，其中有 14 名两院院士。委员每届任期 3 年，中国科学院院士秦大河任首届咨询委员会主任委员。2019 年，咨询委员会新增选 2 名委员。

2.2.4.2　成立中国气象局气象发展与规划院

2019 年，中国气象局组建成立了中国气象局气象发展与规划院（以下简称发展规划院），是中国气象局在整合发展研究中心和工程咨询中心全部资源的基础上，依托中国气象局资产管理事务中心组建的事业单位。发展规划院主要承担开展中国气象局重要方针、政策、发展战略和气象业务技术体制研究；气象发展规划理论方法研究，技术标准、规程、规范研究；承担气象事业发展纲要、总体规划、区域规划、重大专项规划研究编制；承担气象工程咨询工作，负责国家级重点工程项目建议书、可研报告、初步设计编制和项目评估评审等工作。目前，根据《中国气象局气象发展与规划院主要职责、机构设置及人员编制规定》,发展规划院设有 13 个处级业务机构,3 个处级管理机构,事业编制 127 名。

2.3 气象部门人才资源层级与区域分布

2.3.1 气象部门人才资源层级分布

截至 2019 年年底,气象部门国家编制人才队伍中,国家级、省级、市级和县级气象部门人才资源分别占全国气象人才队伍总量的 5.8%、23.9%、32.7% 和 37.6%(图 2.11)。

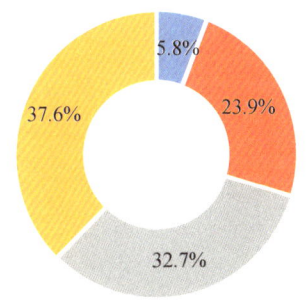

图 2.11 2019 年全国气象部门在职人才队伍层级分布

气象部门各层级在职人才队伍学历结构中,研究生占本级人才队伍比例随国家、省、市、县四级逐级降低,分别占 66.2%、34.9%、9.7%、3.9%;市级人才队伍中本科生比例最高,占 78.12%(图 2.12)。与 2018 年相比,国家级、省级、市级本科以上学历占比都有一定增长;而省级、市级和县级研究生比例有所增长,分别增长 1.6 个百分点、1.1 个百分点和 0.2 个百分点。

从近 10 年不同层级本科以上学历人员变化情况分析,根据图 2.13 可知,国家级气象部门本科以上学历人员从 2009 年的 72.4% 增长到 2018 年 93.4%,提高了 21.0 个百分点;省级由 63.3% 增加到 89.4%,提高了 26.1 个百分点;市级由 52.1% 增加到 84.2%,提高了 32.1 个百分点;县级由 33.2% 增加到 72.6%,提

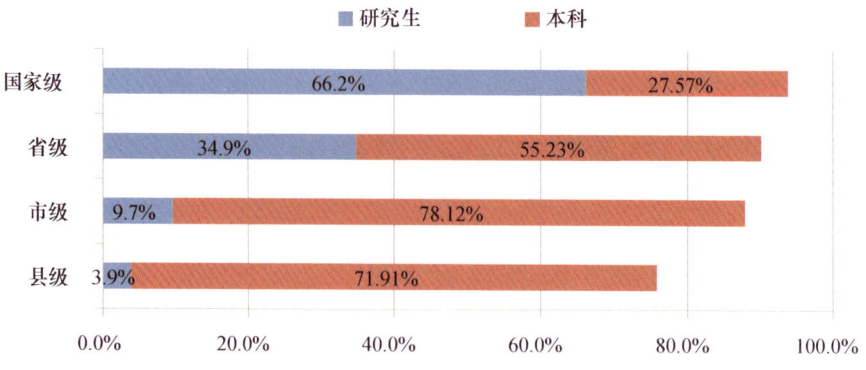

图 2.12 2019 年各层级气象国家编制在职人才队伍本科以上学历结构

高了 39.4 个百分点。数据统计表明，近 10 年来本科以上学历人员变化，其中，省级、市级和县级增幅均超过了 30 个百分点，县级气象部门增幅最大。

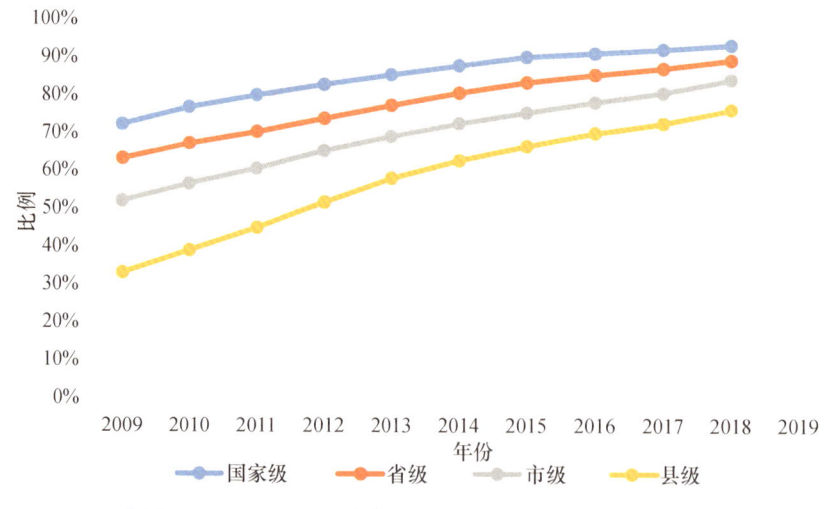

图 2.13 2009—2018 年各层级本科以上学历人员占比分布

各层级气象部门在职人才队伍中，国家级、市级和县级气象部门人才队伍的大气科学类专业人员占比较高，2019 年分别达到 53.5%、51.5% 和 52.6%（图 2.14）。国家级大气科学类专业人员占比较上年增长 8.6 个百分点。与 2010 年相比，各层级气象部门队伍中大气科学类专业人员占比都有所增加，增幅为 10～16 个百分点不等。

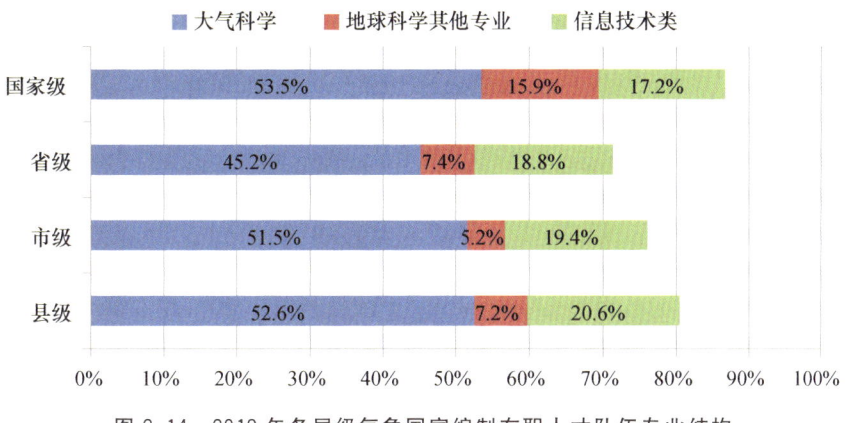

图 2.14 2019 年各层级气象国家编制在职人才队伍专业结构

2.3.2 气象部门人才资源区域分布

根据气象部门正式在职人才资源的区域分布情况（图 2.15），截至 2019 年，以东、中、西部区域气象人才资源总量为 100%，各区域气象人才占气象人才资源总量的比例分别为 29.38%、27.68%、42.94%。

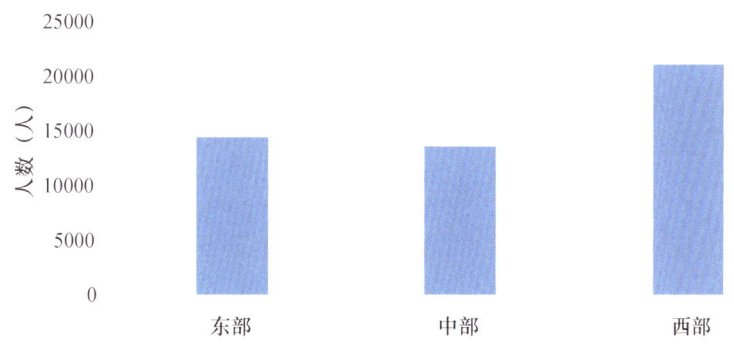

图 2.15 2019 年气象部门东、中、西部在编人才资源总量

根据不同学历人员的区域分布情况（图 2.16），东、中、西部人才队伍均以本科为主，中、西部本科学历人才资源比例①较高，东部研究生人才资源比例最高，西部本科学历人才资源比例最高。可见，区域经济社会发展水平与区域人才吸引力具有一致性。

---

① 指学历人才资源占所在区域在编职工的比例。

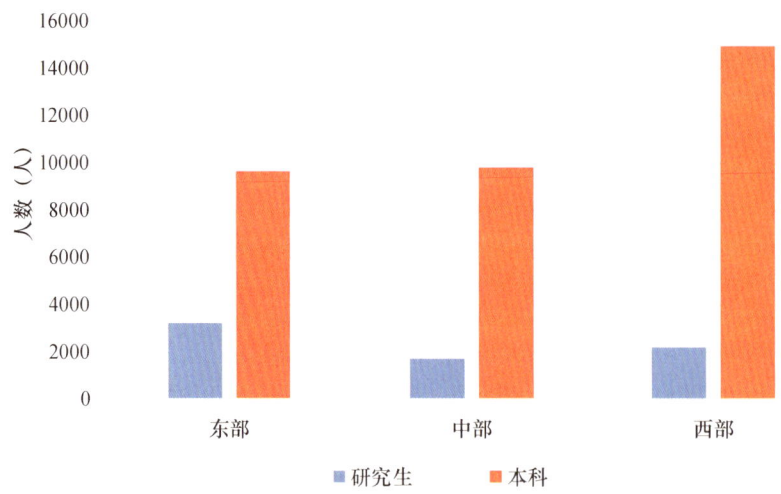

图 2.16 2019 年气象部门东、中、西部在编人才资源学历分布

高级技术职称人才总量在东、中、西部地区逐年增长，尤其是副研级高级技术人数明显增长。根据高级职称气象人才的区域分布情况（图 2.17），东部正研级职称人数最多，西部副研级职称人数最多，具有高级技术职称的人数总量按西、东、中部顺序依次递减，中部正、副研级人数均低于东、西部，可见西部近年来实施的人才资源政策成效显著。

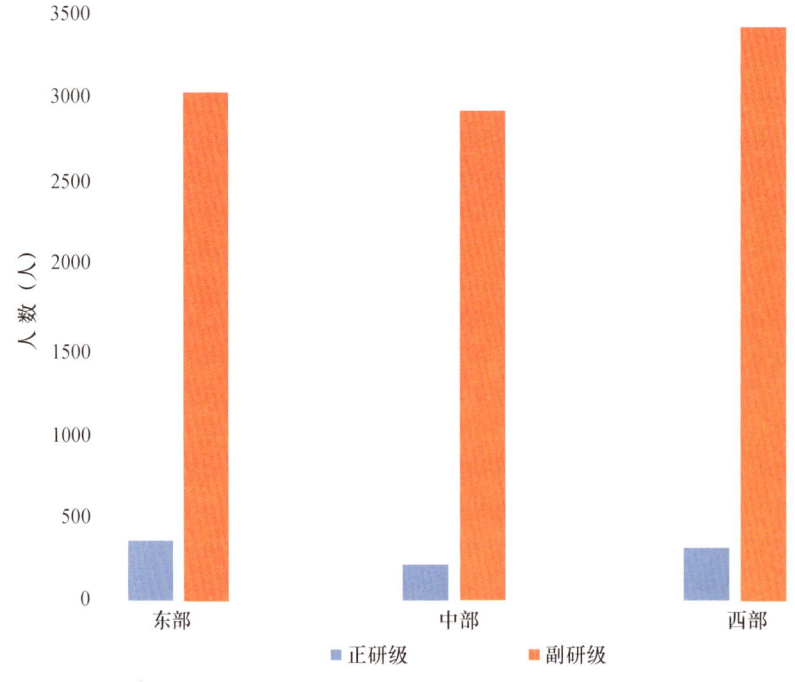

图 2.17 2019 年气象部门东、中、西部在编人才资源职称分布

2.4 气象部门人才资源趋势预测

气象人才资源预测是指在气象人才评估和预估的基础上,对未来一定时期内人才资源状况的分析与预测。气象人才资源预测,主要从现有在职气象人才资源年龄结构,假定在编制不变化的前提下,通过提升气象人才资源内涵,对未来5年和10年的人才资源需求和供给进行预测。气象人才资源需求预测是指假定在气象编制不变化的前提下,因气象人才资源年龄因素退出气象职业队伍而对未来所需补充的人才资源数量估算,还包括因气象科技发展对气象人才资源能力素质结构变化进行预测。

2.4.1 气象人才资源需求预测

气象部门是国家公益性事业部门,国家气象编制人才资源需求具有相对的稳定性,对于气象人才资源需求预测则具有相对确定性,其具体公式如下:

$$Y_5 = R_1 + R_2 + R_3 + R_4 + R_5$$
$$Y_{10} = Y_5 + R_6 + R_7 + R_8 + R_9 + R_{10}$$

式中,Y_5为未来5年总计需要补充的气象人才资源;Y_{10}为未来10年总计需要补充的气象人才资源;R_1为2019年气象部门在编在职人才资源中年满60周岁人员;R_2、R_3、R_4、R_5、R_6、R_7、R_8、R_9、R_{10}分别为2020—2028年年满60周岁人员。

根据2018年气象人才资源数据预测,到2023年全国气象部门总计有3987人退休,占2018年气象人才资源总量的7.68%;年均退休需更新797人,年均更新率为1.54%。按照全国气象部门2013年54 426的人才资源量计算,2018年气象人才资源缺口达2523人,如果设计在5年内补齐缺口,年均需补充人才资源505人。由此预测,2019—2023年,全国气象部门每年需要补充人才资源约1300人,即每年需引进本科、硕士、博士人才资源1300人左右(如果按照五年补充缺编数预测,则每年需引进1600人左右)。按照2013年国家气象编制人数预测,年均人才资源更新率为2.39%。从各省份情况分析,内蒙古自治区和四川省气象部门人才资源更新量最多(图2.18)。

根据2018年气象人才资源数据预测,到2028年全国气象部门总计有12 535

图 2.18　2023 年、2028 年气象人才资源需求预测

人退休，其中 2023 年前 3987 人、2024—2028 年 8548 人，总计占 2018 年气象人才资源总量的 24.15%，即 10 年以后全国气象部门将有 1/4 的气象人才资源需要更新。如果 2023 年前气象人才资源编制满额，那么 2024—2028 年需补充人才资源达到年均 1710 人，即每年需引进本科、硕士、博士人才资源 1700 人左右，年均人才资源更新率为 3.14%。从各省份情况分析，人才资源需求最多的仍然为内蒙古自治区和四川省气象部门。但从更新率分析，内蒙古自治区更新率最高，达 32.05%，其次为陕西省，达 30.55%（图 2.19）。

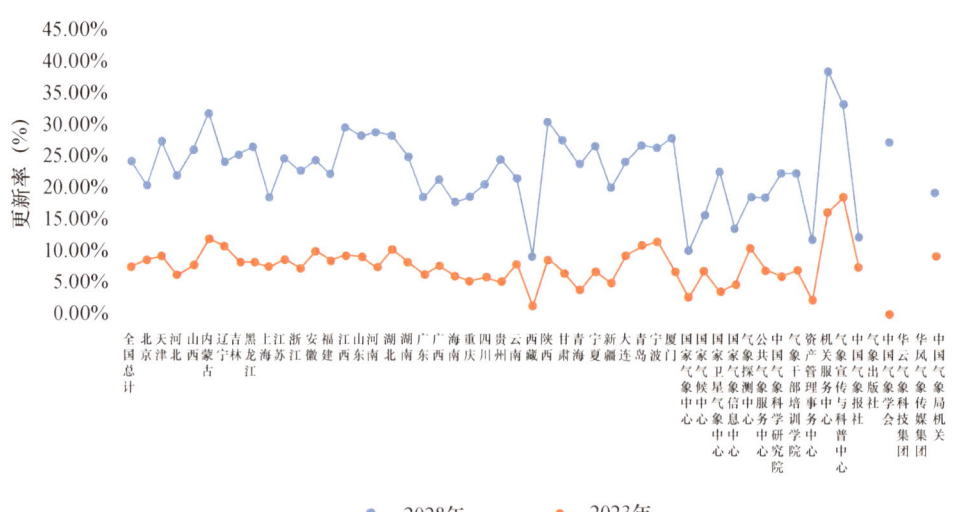

图 2.19　2023 年、2028 年气象人才资源更新率预测

2.4.2 气象高层次人才资源需求预测

根据近 5 年来气象部门高层次人才总量、层级分布和地域分布数据，分别构建灰色预测模型，对未来 5 年发展趋势进行预测，并对构建的模型进行精度检验，后验差比值 C 均小于 0.35，P 均等于 1，达到优等级，预测模型精度达到一级。

2.4.2.1 总量预测结果

未来 5 年气象高层次人才总量持续增长，人才结构更加优化，目前高层次人才约占编内总人数的 23.41%，到 2023 年占比将升至约 33.31%。其中，全国气象部门正高级职称人数将达到 2472 人，副高级职称人数将达到 14 036 人（图 2.20），正高级职称人数将增加 95.26%，副高级职称人数将增加 29.88%。

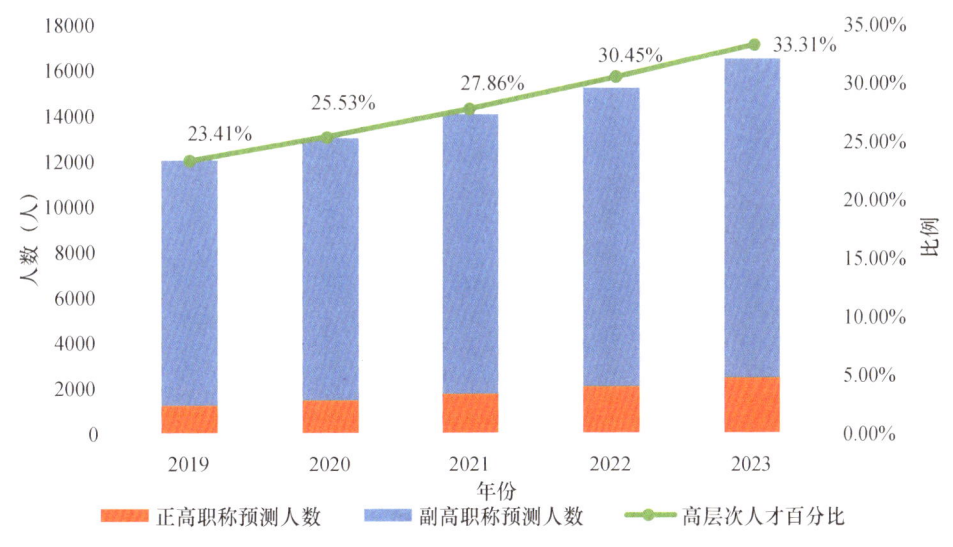

图 2.20 高层次人才总量变化趋势预测

2.4.2.2 地域分布预测结果

未来 5 年，高层次人才在东、中、西部分布比较平稳，预计到 2023 年高层次人才在东部地区的占比为 29.38%，中部地区为 26.28%，西部地区为 33.52%；预计 2023 年高层次人才在东部地区达 1753 人，中部地区 4757 人，西部地区 4255 人（表 2.2）。

表 2.2　高层次人才地域分布预测（单位：人）

预测结果	2019 年	2020 年	2021 年	2022 年	2023 年
东部	1430	1504	1583	1666	1753
中部	3515	3792	4089	4411	4757
西部	3162	3406	3668	3951	4255

2.4.2.3　层级分布预测结果

未来 5 年，气象高层次人才在国家级、省级、地市级和县级单位的分布将趋于均衡，由图 2.21 可知，国家级、省级、地市级单位的高层次人才所占比例持稳，县级单位的高层次人才所占比例逐年上升，2019 年国家级和县级单位的高层次人才占比相当，约 14.5%，省级单位和地市级单位的高层次人才占比是国家级、县级单位的 2～3 倍，预计到 2023 年高层次人才在国家级、省级、地市级、县级单位层级分布结构比较均衡，国家级单位、省级单位、地市级单位、县级单位的结构比约为 1∶2.7∶2.2∶1.5，将分别占比 13.4%、36.8%、29.2%、20.7%，县级单位占比将明显提高，其他层级基本持稳。

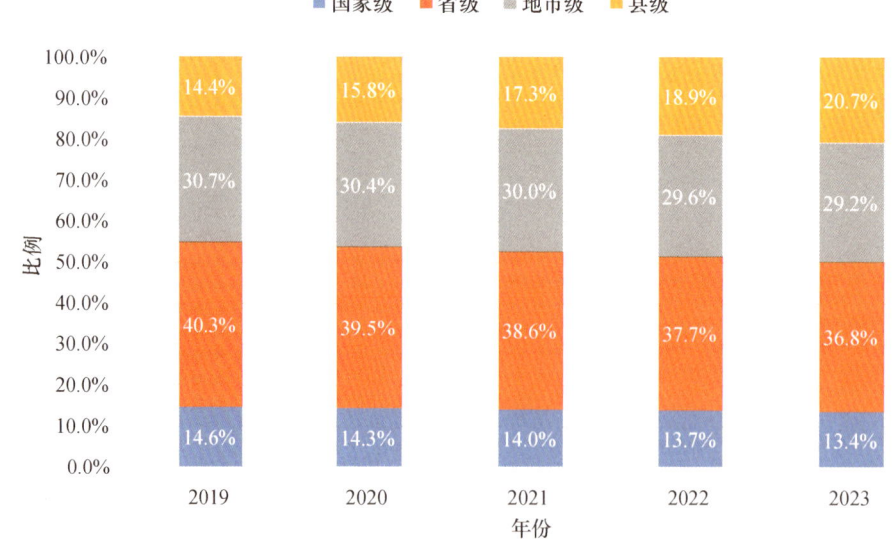

图 2.21　高层次人才地域分布趋势预测

2.4.3 气象人才资源岗位变化预测

20世纪80年代以前，受当时技术条件的影响，许多气象业务环节存在大量的手工技术性劳动，真正从事创造性智力劳动的人员比例不高。在当时技术条件下，根据气象统计情况分析，1986年气象部门气象业务和科研人员共44 272人，其中从事一般技术性和辅助性工作岗位的人员占61.47%（表2.3），2001年仍占48.54%，至2017年已经发生了很大变化。

表2.3 气象人才资源业务服务岗位人员变化情况

类别	人才资源岗位	1986年 人员数（人）	占比	2001年 人员状态（人）	占比	2017年 岗位	现在状态
一般技术性和辅助性工作岗位	观测员	17627	61.47%	13968	48.54%	自动化后转型	维护或综合岗
	农业气象观测	2608		1341		转为研究型业务	
	报务员及机务	3982		1414		消失	
	填图员	1407		153		消失	
	卫星云图接收员	400		67		消失	
	气象资料作孔员	237		消失		消失	
	计量、供应、维修	952		—		升级转型，统称专业技术岗	
	小计	27213		16943			
创造性工作岗位	气象预报员	9983	33.7%	5210	23.56%	研究型预报业务	国家级、省级有划分；地市级、县市级为综合业务	天气专业技术业务
	气候资料情报	1859		827		研究型气候业务	气候专业技术业务
	计算机专业人员	673		717		信息技术类 人数 10436 占比 19.7%#	数据研发；数据服务；系统运维
	气象科研人员	2406		1471		人数 占比	研究与成果转化
	小计	14921		8225			
其他	编辑、档案及其他	2138	4.83%	—		宣传、科普、编辑、档案为运行性业务；部分保障服务已经社会化	
综合服务性岗位	气象服务人员	—		9702	27.8%	部分为气象信息传播与包装人员；部分人员转型为研究型业务服务	
	总体	44272	—	34870*		33662$	

注："—"为没有或不明确；* 县级气象局管理人员未再纳入业务岗位统计；# 占当年正式职工总人数之比；$ 为气象事业单位专业技术人员（不包括公务员和事业单位职员）。

进入20世纪90年代，随着气象通信技术和气象信息处理技术的快速发展，气象部门以手工技能为主的劳动岗位迅速减少，到2001年，气象部门已经消失或接近消失的职业岗位有填图员、报务员、卫星云图接收员、气象资料作孔员，与此类岗位相联系的机务员、观测员数量也大大减少。到2001年，全国气象观测人员数量为13 968人，较1985年减少近20%。经初步统计，1985—2000年，在气象信息化发展进程中，气象部门有8000～10 000个职业岗位被信息化和自动化取代，但催生了许多新岗位。

进入21世纪，随着气象信息化的快速发展，在2014年调整了常规气象要素的人工观测，地面气象观测实现了自动化，全国气象部门有近1.2万名气象观测员面临职业技术能力转型。在气象信息化发展进程中，早在2015年，全国气象部门有近50%的岗位被取消或被淘汰，或者已经转型。

根据对气象信息化发展进程的分析预测，在未来10年左右，气象业务服务系统专业人员构成可能发生很大变化，即气象科研和气象研发人员占比将有大幅增长，一般值守班人员将大幅减少。这里气象科研和气象研发具有广义性，主要以现在的气象科研、省级以上气象预报和气候业务以及气象专业产品研发人才为主体，地县级转变为以应用型研发人才为主体，未来可能需要更多气象大数据研发人才和气象软件研发人才。以传统的气象观测、气象预报、气候业务、农业气象、气象通信、气象服务、气象影视、气象科研等区分气象人才职业和岗位的方法，已难适应信息化发展趋势。因此，将更多气象人才转变为研究型业务和研究型服务人才是必然趋势。

第❷章
气象科研教育与行业人才资源分析

气象人才资源分布比较广泛，包括气象部门以及军队、民航、生产建设兵团、农垦、盐业、水文、农牧业、林业、电力、科研院所、高等院校等部门（单位）从事气象及相关工作的人才资源，各领域的气象人才资源是我国气象事业创新发展的重要推动力量。

3.1 科研机构气象人才资源分析

我国已经基本建成了气象科研部门、业务单位、高等院校和产业部门相结合的科技创新体系，建设了一批具有国际影响力的研发机构、国家重点实验室、部门重点实验室、野外科学试验基地，形成了开放、流动、竞争、协作的新型气象科研组织体制和运行机制，取得了一大批重要的科研成果。由此，在科学研究机构中蕴藏着丰富的气象人才资源，对此进行了分析[①]。

3.1.1 气象类科学研究院所人才资源状况

（1）中国气象科学研究院[②]

中国气象科学研究院起源于1956年8月成立的中央气象科学研究所，1978年更名为中央气象局气象科学研究院，1991年更为现名。2000年被国家科技部遴选为国家公益类科研院所科技体制改革试点单位，2001年起进入科技部支持的国家公益类研究院。

目前，中国气象科学研究院正围绕气象防灾减灾、应对气候变化的国家需求，瞄准解决气象业务服务发展中的重大科技问题和科学前沿的综合性、前瞻性、战略性研究问题，致力于建成专业领域设置合理、重点学科优势突出、科技创新人才汇集、科研业务紧密结合的国内一流、国际有一定地位的气象科学研究机构。

中国气象科学研究院现有5个职能处，设有6个科研机构，1个国家重点实验室（灾害天气国家重点实验室），2个中国气象局部门级重点开放实验室（云雾物理开放实验室、大气化学开放实验室），还设雷电物理与防护工程实验室和遥感与气候信息开放研究实验室；与北京师范大学、国家卫星气象中心联合共建了遥感与气候信息开放研究实验室；拥有庐山云雾试验站和固城试验站；联合省级气象局共建了10余个野外科学试验基地。

---

① 资料来源：主要从公开的门户网站获取。
② 资料来源：中国气象科学研究院。

中国气象科学研究院的人才资源状况：现有一支老中青相结合、以科技人员和高学历人员为主体的实力较为雄厚的研究队伍。目前，在职科研人员近300人，客座人员230多人，拥有两院院士5人，国家杰出青年基金获得者3人、国家高层次人才特殊支持计划科技创新领军人才1人、百千万人才工程国家级人选4人。拥有一批高水平的导师队伍，博士生导师73人、硕士生导师119人，在读博士87人，硕士135人，博士后19人。自学位点建成以来，已联合培养博士190人、独立培养硕士918人。

（2）中国科学院大气物理研究所[①]

中国科学院大气物理研究所起源于1928年由著名气象学家竺可桢先生创立的中央研究院气象研究所。1950年1月，中国科学院将气象、地磁和地震等部分科研机构合并组建成立了中国科学院地球物理研究所。1966年1月，正式成立中国科学院大气物理研究所（以下简称"大气所"）。大气所是中国现代史上第一个研究气象科学的最高学术机构，目前已发展成为涵盖大气科学领域各分支学科的大气科学综合研究机构。

大气所现有在职人员515人。其中，科研人员约占80%，研究员及正高级工程技术人员112人，中国科学院院士5人，第三世界科学院院士1人，欧亚科学院院士2人。国家人才计划若干人，国家杰出青年基金获得者19人，国家优秀青年基金获得者9人。叶笃正和曾庆存两位先生均荣获国家最高科学技术奖和世界气象组织（WMO）最高奖——国际气象组织奖（IMO奖），11人获得何梁何利科技进步奖，2人获得陈嘉庚奖，25人获得国家杰出青年基金资助、11人获得国家优秀青年基金资助，3人获得中国青年科学家奖。

大气所作为从事大气科学及相关领域研究的国家队，以建设国际一流的大气科学研究基地为目标，坚持面向国际科学前沿、面向国家战略需求、面向国民经济主战场，立足于大气科学及相关交叉领域的基础研究、应用基础研究，不断探索国际科学前沿，支撑气象、海洋、环保、农业、航空航天、水利、资源等领域的发展，积极为我国防灾减灾、环境保护、生态建设、工农业生产、人民生活等做出基础性、战略性和前瞻性的创新贡献。

大气所现有2个国家重点实验室，4个中国科学院重点实验室，4个所级实验室和研究中心。国家重点实验室包括：大气科学和地球流体力学数值模拟国家重

---

① 资料来源：中国科学院大气物理研究所。

点实验室、大气边界层物理与大气化学国家重点实验室；院重点实验室包括：中国科学院东亚区域气候—环境重点实验室（全球变化东亚区域研究中心）、中国科学院中层大气和全球环境探测重点实验室、中国科学院云降水物理与强风暴重点实验室、中国科学院地球系统理论和模型重点实验室（筹）；所级实验室和研究中心包括：竺可桢—南森国际研究中心、季风系统研究中心、中国生态系统研究网络大气分中心、低层大气探测部。此外，中国科学院气候变化研究中心和中国科学院减灾中心挂靠在大气所。

大气所还设有分支机构淮南研究院、所公共技术服务中心以及6个所级野外观测台站（香河站、兴隆站、通榆站、淮南站、敦煌站、羊八井站）等。目前研究所形成了以地球气候系统数值模拟平台、野外台站综合观测平台、专业大气探测实验技术平台为主体的科技支撑体系。代表性的仪器设备包括：SGI F4200、曙光、惠普、浪潮4套高性能计算集群，MST（Mesosphere-Stratosphere-Troposphere）雷达、325米气象观测铁塔、风廓线雷达、高分辨飞行时间气溶胶质谱仪等。牵头研制成功我国首个"地球系统数值模拟装置"原型系统，可实现对大气、海洋、陆面、植被、生态等地球过程的仿真研究，地球系统数值模拟大科学装置落地北京怀柔科学城。

大气所保持与高校、科研院所、业务部门、国防部门、地方政府以及企业等的紧密合作与交流，发挥研究所在大气科学领域的引领示范作用，服务于国家和社会需求，共同承担国家重大科技任务，签订战略合作协议，资源共享，协同创新，推进学科进步和人才建设；与气象、环保、海洋、农业、航空航天、水利、资源、国防等业务部门开展科技合作，为我国防灾减灾、环境保护、生态建设、国防安全、工农业生产等提供科技支撑；与地方政府、企业合作，推动产学研结合和科技成果转移转化。

（3）中国科学院地理科学与资源研究所[①]

中国科学院地理科学与资源研究所（以下简称"地理资源所"）于1999年9月经中国科学院批准，由中国科学院地理研究所（前身是1940年成立的中国地理研究所）和中国科学院自然资源综合考察委员会（1956年成立）整合而成。

截至2019年年底，地理资源所共有在编职工658人。其中科研人员468人，科技支撑人员121人，包括中国科学院院士9人，中国工程院院士3人，发展中国

[①] 资料来源：中国科学院地理科学与资源研究所。

家科学院院士3人，欧洲科学院院士1人，研究员及正高级专业技术人员170人，副研究员及副高级专业技术人员265人。

目前，地理资源所科研系统由7个实验室、3个台站组成（包括1个国家重点实验室、5个院重点实验室和1个所重点实验室），分别是资源与环境信息系统国家重点实验室、陆地表层格局与模拟院重点实验室、区域可持续发展分析与模拟院重点实验室、生态系统网络观测与模拟院重点实验室、陆地水循环及地表过程院重点实验室、资源利用与环境修复所重点实验室、院黄河三角洲现代农业工程实验室，以及禹城综合试验站、拉萨高原生态综合试验站、千烟洲生态试验站。

地理资源所设有1个理化分析中心和6个专业实验室构成的所级公共技术服务中心。拥有禹城综合试验站、拉萨高原生态试验站2个国家野外科学观测研究站，禹城站、拉萨站、千烟洲红壤丘陵综合开发试验站3个中国科学院生态系统研究网络（CERN）野外站。建成中国物候观测网、中国陆地生态系统通量观测研究网络（ChinaFLUX）和水循环实验网络3个全国性观测研究网络，共同构成了研究所野外观测研究平台。

（4）中国科学院西北生态环境资源研究院[①]

中国科学院西北生态环境资源研究院（以下简称"西北研究院"）是由原中国科学院寒区旱区环境与工程研究所、地质与地球物理研究所、西北高原生物研究所等6家单位于2016年6月整合而成。

目前，西北研究院拥有2个国家重点实验室，1个国家数据中心，6个中科院重点实验室，20个甘肃、青海省级重点实验室/工程中心，6个国家级野外观测研究实验站，19个中科院和研究所级野外观测研究实验站，并设有地理学、大气科学和地质学3个博士后科研流动站。

2016年西北研究院整合前，与大气科学专业相关的中国科学院寒区旱区环境与工程研究所，当时共有在职职工645人，其中，中国科学院院士3人，科研人员347人，科技支撑人员160人，正高级技术人员93人，副高级技术人员146人，进入创新岗位人员473人，百千万人才工程国家级人选7人，国家杰出青年科学基金获得者14人，国家"西部之光人才计划"入选者81人。共有在读研究生439人，其中，博士研究生252人、硕士研究生187人，另有在站博士后

---

① 资料来源：中国科学院西北生态环境资源研究院。

72人。

西北研究院是我国专门从事高寒干旱地区生态环境、自然资源和重大工程研究的国家级研究机构，其主要研究领域（如冰川、冻土、沙漠、高原生态、盐湖、油气地质和资源环境信息等）均处于国内引领地位，与中科院内其他研究单元没有重复。西北研究院瞄准21世纪国家发展的战略目标和学科发展的国际前沿，以占国土面积1/3的西北地区为重点，针对国家"丝绸之路经济带"建设、"一带一路"建设和西北地区经济社会发展面临的重大科技任务，开展生态系统、环境变化、资源利用与可持续发展等领域的基础性、战略性、前瞻性、综合性重大基础科学研究、工程技术开发和第三方评估等工作，为解决国家西北地区在生态、环境、资源、农业等领域的重大问题提供科学依据、技术支撑和决策支持。

（5）中国农业科学研究院农业环境与可持续发展研究所[①]

中国农业科学研究院农业环境与可持续发展研究所（以下简称"环发所"）是中国农业科学院直属研究所之一，其前身是1953年的华北农业科学研究所农业气象组（后更名为农业气象研究所）和成立于1980年的中国农业科学院生物防治研究所，2002年农业气象研究所与生物防治研究所合并，组建农业环境与可持续发展研究所。

目前，环发所在职职工179人、博士后20人、研究生200人、聘用160人。拥有国家有突出贡献中青年专家等国家和部级高层次人才队伍25人。27人次担任"全球农业温室气体研究联盟"专家组组长、国际园艺学会（ISHS）设施植物生产系统设计与智能化专业委员会主席、国际农业塑料协会主席、《农业生态系统与环境（AGEE）》期刊主编等国际学术职位。

3.1.2 气象类科学研究院所气象人才资源培养

目前，在国家级科学研究院所中，培养气象科学类博士、硕士专业人才的主要有6家院所（表3.1），各院所具体培养人才资源情况如下。

---

① 资料来源：中国农业科学研究院农业环境与可持续发展研究所。

表 3.1 国内设有大气科学类专业的科研院所（排序不分先后）

序号	院所名称	所在地区	研究方向	专业	培养体系
1	中国气象科学研究院	北京	以灾害天气、气候与气候系统、大气成分、雷电防护与大气探测、人工影响天气、生态环境与农业气象等研究为主攻方向	设有大气科学一级学科硕士学位培养点，与南京信息工程大学、复旦大学、中国科学院大学等联合招收大气科学博士研究生	硕、博
2	中国科学院大气物理研究所	北京	以地球系统模式发展与全球气候变化、大气化学、大气环境变化及其预测机理、东亚季风气候系统动力学与气候预测、高影响天气的物理、动力及可预报性等研究为主攻方向	设有大气科学一级学科博士和硕士学位培养点	硕、博
3	中国科学院地理科学与资源研究所	北京	以气候变化及其影响、生物气象、水文气象、气候变化模拟与诊断、土地利用/覆盖变化的气候与环境效应、陆—气相互作用等为主攻方向	设有气象学二级学科硕士学位培养点	硕
4	中国科学院西北生态环境资源研究院	甘肃兰州、青海西宁（一院两地）	以高寒干旱自然条件下和社会经济发展相对滞后基础上的生态系统、环境变化、资源利用与可持续发展的科学研究等为主攻方向	设有大气科学一级学科博士和硕士学位培养点	硕、博
5	中国科学院青藏高原研究所	北京、西藏拉萨、云南昆明（一所三部）	以青藏高原环境变化与地表过程、大陆碰撞与高原隆升、高寒生态学与生物多样性等研究为主攻方向	设有大气物理学与大气环境二级学科博士和硕士学位培养点	硕、博
6	中国农业科学研究院农业环境与可持续发展研究所	北京	以气候资源与气候变化、气象灾害与减灾、温室气体排放及减排、农业气候资源利用与减灾、气候变化影响与适应、农业温室气体排放及减排等为主攻方向	设有气象学二级学科硕士培养点和农业气象与气候变化二级学科博士培养点	硕、博

(1) 中国气象科学研究院

中国气象科学研究院，是中国气象局直属国家级研究院，是国家级气象科研基地和人才培养基地，为国家首批大气科学研究生培养单位，目前在读博士后19人、博士生87人、硕士生135人。截至2018年年底，中国气象科学研究院已与南京信息工程大学、复旦大学、中国科学院大学、中国地质大学（武汉）等院校联合培养博士研究生190人，独立培养硕士研究生918人，所培养的研究生成为气象、环保、民航、水利等行业，以及高校和科研院所业务、科研、教学和管理岗位上的一支重要力量。

2019年，中国气象科学研究院气象类专业研究生招生83人，其中与复旦大学联合培养硕士研究生7人，与中国科学院大学、南京信息工程大学、复旦大学、中国地质大学联合培养博士研究生28人。

(2) 中国科学院大气物理研究所

中国科学院大气物理研究所，是国务院学位委员会批准的首批博士、硕士学位授予单位，设有大气科学、海洋科学、环境科学与工程3个一级学科博士学位培养点和硕士学位培养点，以及农业资源硕士专业学位培养点。其中大气科学在全国一级学科评估中两次荣获第一，在第四轮全国学科评估中荣获A+。现有在学研究生539人，其中博士生327人、硕士生212人。设有大气和海洋科学2个博士后科研流动站，现有在站博士后109人。

2019年，中国科学院大气物理研究所气象类专业研究生招生138人（其中博士研究生88人）。

(3) 中国科学院地理科学与资源研究所

中国科学院地理科学与资源研究所，是国务院学位委员会批准的首批博士、硕士学位授予单位之一。现设有2个一级学科博士研究生培养点：地理学（含自然地理学、人文地理学、地图学与地理信息系统、自然资源学4个二级学科）、生态学；设有环境科学1个二级学科博士研究生培养点。设有自然地理学、人文地理学、地图学与地理信息系统、自然资源学、气象学、生态学、环境科学7个二级学科硕士研究生培养点；农业管理（农业硕士）、农业工程信息技术（农业硕士）、环境工程（专业学位）硕士培养点。设有地理学、生态学、生物学3个一级学科博士后科研流动站。截至2019年年底，共有在学研究生906人，其中博士生612人。

2019年，中国科学院地理科学与资源研究所气象学专业硕士研究生招生2人。

(4）中国科学院西北生态环境资源研究院

中国科学院西北生态环境资源研究院（以下简称"西北研究院"）兰州本部是中国科学院博士生重点培养基地，设有地理学、大气科学和地质学3个博士后科研流动站。每年招收博士研究生88名，硕士研究生78名。博士和硕士招生专业均包括气象学、大气物理学与大气环境、自然地理学、生态学、防灾减灾工程及防护工程等专业。

2019年，西北研究院气象类专业研究生招生17人，其中博士研究生8人。

（5）中国科学院青藏高原研究所

中国科学院青藏高原研究所（以下简称"青藏高原所"），现有自然地理学、构造地质学、大气物理学与大气环境3个博士研究生培养点，自然地理学、构造地质学、大气物理学与大气环境和生态学4个硕士研究生培养点，并设有地理学和地质学2个一级学科博士后流动站。

截至2019年年底，青藏高原所有职工317人、研究生318人、在站博士后61人。拥有国际维加奖获得者1人、中国科学院院士3人、特聘中国科学院院士1人、特聘中国科学院外籍院士2人。国家杰出青年基金获得者13人（含双聘院士2人）、国家优秀青年基金获得者7人，各类人才占到研究人员的20％。

2019年，青藏高原所大气物理学与大气环境专业研究生招生7人，其中博士研究生3人。

（6）中国农业科学研究院农业环境与可持续发展研究所

中国农业科学研究院农业环境与可持续发展研究所（以下简称"环发所"），设有气象学二级学科硕士研究生培养点，以及农业气象与气候变化二级学科博士研究生培养点，主要开展气候资源与气候变化、气象灾害与减灾、温室气体排放及减排、农业气候资源利用与减灾、气候变化影响与适应、农业温室气体排放及减排等研究。

环发所现有博士招生专业7个，硕士招生专业10个，含专业学位招生领域2个。现有在籍研究生199人，其中博士生78人，硕士生121人。招收来自10余个国家的留学生25人，中外合作项目博士生7人。客座、联合培养、实习人员100余人。

2019年，环发所气象类专业研究生招生6人，其中博士研究生2人。

3.2 教育机构气象人才资源分析[①]

我国高等教育机构是气象人才资源的培养源头。目前,全国有 25 所高校设置大气科学类专业。其中,招收大气科学类专科生的高校有 2 所,招收大气科学类本科生的高校有 21 所,招收大气科学类硕士研究生的高校有 19 所,招收大气科学类博士研究生的高校有 15 所;6 家科研院所中除了中国科学院地理科学与资源研究所大气科学类专业仅招收硕士研究生外,其他科研院所均招收大气科学类硕士、博士研究生。

3.2.1 高校气象人才资源培养专业设置

根据教育部制定的《普通高等学校本科专业目录(2012 年)》,"大气科学"学科大类下包括大气科学、应用气象学两个二级学科(也称"专业")。对照用人单位需求的统计口径,将专科学历中的气象类专业、本科学历中的大气科学和应用气象学专业,以及研究生学历中的气象学、应用气象学和大气物理专业统一纳入大气科学类(气象学类)专业统计范围。目前,国内有 25 所高校设置大气科学类专业(表 3.2)。

表 3.2 国内设有大气科学类专业的高校(排序不分先后)

序号	学校名称	所在地区	大气科学类院系	专业	培养体系
1	南京信息工程大学	江苏南京	大气科学学院、应用气象学院、大气物理学院、滨江学院	大气科学、应用气象学	本、硕、博
2	成都信息工程大学	四川成都	大气科学学院、电子工程学院(大气探测学院)	大气科学、应用气象学	本、硕
3	南京大学	江苏南京	大气科学学院	大气科学、应用气象学	本、硕、博

[①] 数据来源:师资数据主要来源于公开门户网站;大气科学专业生源数据主要来源于中国气象局职能机构。

续表

序号	学校名称	所在地区	大气科学类院系	专业	培养体系
4	兰州大学	甘肃兰州	大气科学学院	大气科学、应用气象学	本、硕、博
5	中山大学	广东广州	大气科学学院	大气科学、应用气象学	本、硕、博
6	北京大学	北京	物理学院大气与海洋科学系	大气科学	本、硕、博
7	中国科学技术大学	安徽合肥	地球和空间科学学院	大气科学	本、硕、博
8	中国海洋大学	山东青岛	海洋与大气学院海洋气象学系	大气科学	本、硕、博
9	国防科技大学	湖南长沙	气象海洋学院	大气科学	本、硕、博
10	云南大学	云南昆明	资源环境与地球科学学院大气科学系	大气科学	本、硕、博
11	复旦大学	上海	大气科学研究院大气与海洋科学系	大气科学	本、硕、博
12	中国农业大学	北京	资源与环境学院农业气象系	应用气象学	本、硕、博
13	浙江大学	浙江杭州	地球科学学院大气科学系	大气科学	本、硕、博
14	中国地质大学（武汉）	湖北武汉	环境学院大气科学系	大气科学	本、硕、博
15	东北农业大学	黑龙江哈尔滨	资源与环境学院	应用气象学	本、硕、博
16	沈阳农业大学	辽宁沈阳	农学院	大气科学、应用气象学	本、硕
17	清华大学	北京	理学院地球系统科学系	大气科学	本（辅修专业）、硕、博
18	华东师范大学	上海	地理科学学院	气象学	硕士
19	安徽农业大学	安徽合肥	资源与环境学院	气象学	硕士
20	广东海洋大学	广东湛江	海洋与气象学院	大气科学、应用气象学	本科

续表

序号	学校名称	所在地区	大气科学类院系	专业	培养体系
21	中国民航大学	天津	空中交通管理学院	应用气象学	本科
22	中国民用航空飞行学院	四川广汉	空中交通管理学院	应用气象学	本科
23	内蒙古大学	内蒙古呼和浩特	生态与环境学院大气科学系	大气科学	本科
24	江西信息应用职业技术学院	江西南昌	气象系	大气科学、大气探测等	大专
25	兰州资源环境职业技术学院	甘肃兰州	气象系	大气科学、大气探测、应用气象等	大专

3.2.2　高校气象人才资源培养

根据 2013—2019 年毕业生统计情况来看，大气科学及相关专业的毕业生逐年增多，开设大气科学相关专业的院校规模继续扩大，大气科学及相关专业招生规模逐步扩大，2019 年毕业人数较前 6 年相比创新高（图 3.1）。从学历层次来看，2019 年硕士和博士学历层次毕业生人数较 2018 年显著增长，本科毕业生仍是毕业生供给的主要来源。2013—2019 年本科及以上学历的大气科学类（气象学类）专业毕业生数量占所统计毕业生总量的 72.24%（图 3.2）。

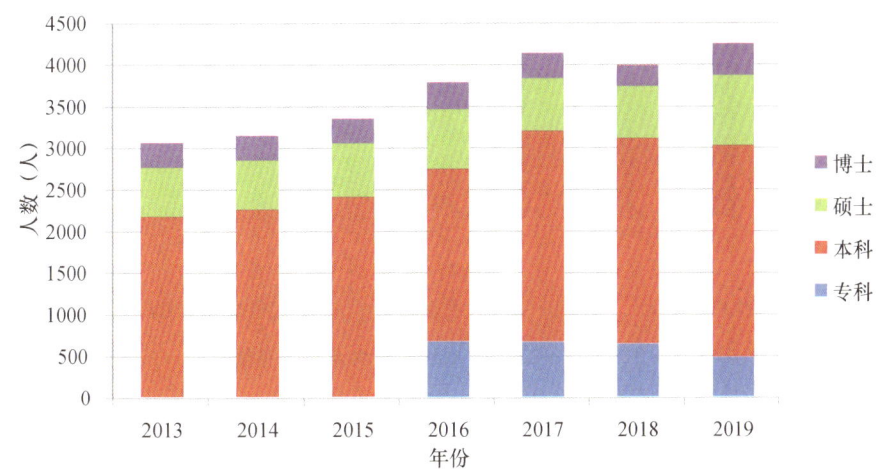

图 3.1　2013—2019 年大气科学类（气象学类）及相关专业毕业生总量

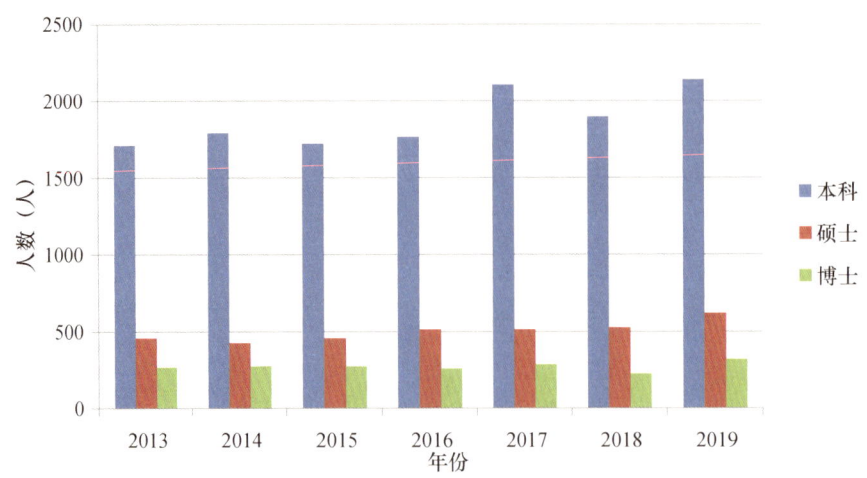

图3.2 2013—2019年大气科学类（气象学类）专业毕业生学历分布情况

2013—2019年大气科学类及相关专业的毕业生中，本科毕业生数量占所统计毕业生总人数的64.04%，2019年本科毕业生数量较前6年略有增长（图3.3）。2013—2019年大气科学类（气象学类）专业本科毕业生数量占本科毕业生总量的79.83%。

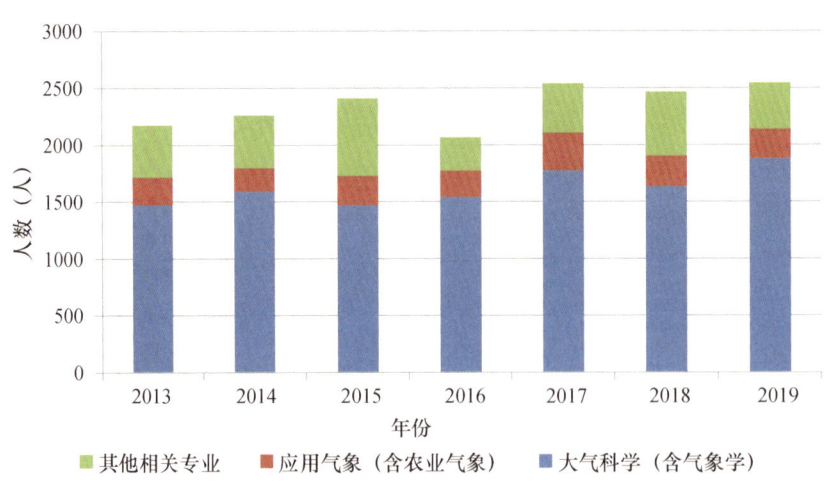

图3.3 2013—2019年本科毕业生专业分布情况

2013—2019年大气科学类及相关专业的毕业生中，硕士毕业生数量占所统计毕业生总量的18.04%。其中，气象学（含大气科学、气候学、气候系统与气候变化、气候系统与全球变化、流体力学、海洋气象学、大气探测）、应用气象学、大气物理专业的毕业生数量占硕士毕业生总量的 76.72%，2019 年大气科学类及相关专业硕士毕业生数量较前 6 年明显增长（图 3.4）。

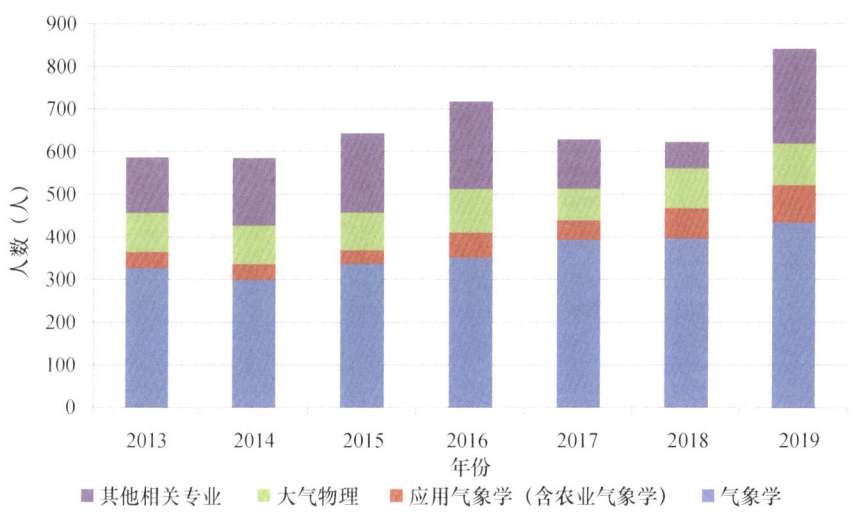

图 3.4 2013—2019 年硕士研究生专业分布情况

2013—2019 年大气科学类及相关专业的毕业生中，博士毕业生数量约占所统计毕业生总量的 8.36%。其中，气象学（含气候学、气候系统与气候变化、气候系统与全球变化、流体力学、大气探测、海洋气象学）、应用气象学、大气物理专业毕业生数量占博士毕业生统计数量的 89.62%，2019 年气象学博士毕业生数量与前 6 年相比明显增长（图 3.5）。

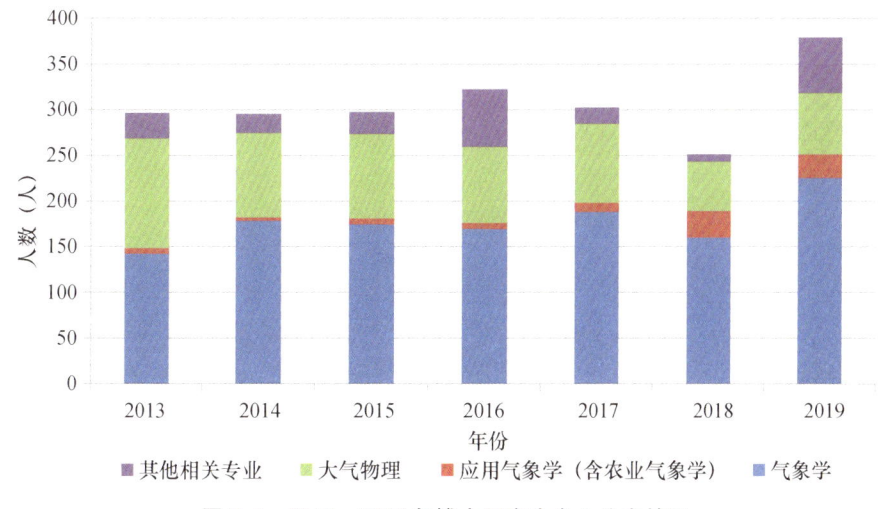

图 3.5 2013—2019 年博士研究生专业分布情况

目前,南京信息工程大学、成都信息工程大学、南京大学、兰州大学、中山大学、云南大学、中国海洋大学、中国农业大学、中国科学院大气物理研究所、中国气象科学研究院等院校是大气科学类专业毕业生集中的院校,是大气科学高等教育招生的主力。其中,南京信息工程大学和成都信息工程大学大气科学类及相关专业的毕业生数量达到所统计毕业生总量的57.74%(图3.6)。

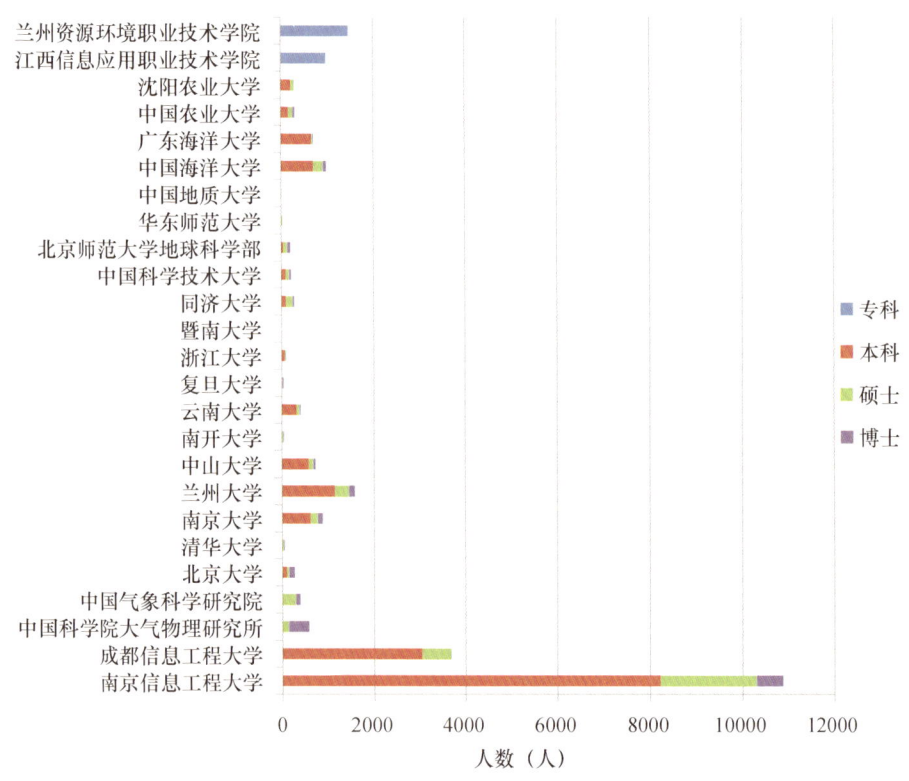

图3.6 2013—2019年毕业生院校分布情况

3.2.3 高校气象师生人才资源

(1)南京信息工程大学[①]

南京信息工程大学是以江苏省管理为主的中央与地方共建高校,主要在大气科学学院、应用气象学院、大气物理学院和滨江学院招收气象类专业学生。2017

---

① 资料来源:南京信息工程大学。

年成为国家"双一流"建设高校,大气科学入选国家"双一流"建设学科,在教育部一级学科评估中蝉联全国第一,获评A+等级。

大气科学学院:设有大气科学本科专业,气象学、气候系统与气候变化2个硕士点;大气科学一级学科博士点,气象学、气候系统与气候变化2个二级学科博士点;设有大气科学一级学科博士后科研流动站。2019年大气科学专业入选国家一流本科建设专业。学院现有专任教师135名,包括教授(研究员)59名,副教授(副研究员)30名,博士生导师55名,硕士生导师50名。学院有中国科学院院士1人、科技部"973"项目和重点专项首席8人、国家特聘专家3人、教育部特聘教授1人、国家杰出青年基金4人(海外杰出青年基金2人)、科技部创新推进计划"中青年科技创新领军人才"1人、享受"国务院政府特殊津贴"12人、百千万人才工程国家级人选4人、教育部"新世纪优秀人才支持计划"1人、获邹竞蒙气象科技人才奖3人。

应用气象学院:设有应用气象学(含公共气象服务方向)、生态学、农业资源与环境3个本科专业,应用气象学、生态学、农业资源与环境3个学术型硕士学位授权点和农业专业硕士学位授权点,应用气象学及环境生态学2个二级博士学位授权点。学院现有专任教师81人,其中教授27人、副教授28人;拥有江苏省"双创计划""外专计划""特聘教授""333高层次人才培养工程""青蓝工程""六大人才高峰"等高层次人才31人。

大气物理学院:设有大气科学(大气物理学与大气环境方向)、大气科学(大气探测方向)、安全工程(雷电防护科学与技术方向)3个本科专业(方向),拥有大气物理学与大气环境、大气遥感与大气探测和雷电科学与技术3个学科的硕士、博士学位授权点。目前,拥有中国科学院双聘院士1人、江苏省特聘教授1人、教授21人、副教授35人。教师中入选江苏省"普通高校优秀学科带头人"2人、江苏省"青蓝工程"和"333高层次人才培养工程"22人(次)、享受江苏省"六大人才高峰"计划资助5人。

南京信息工程大学滨江学院:成立于2002年,是经教育部批准,由南京信息工程大学和南京信息工程大学教育发展基金会共同举办的独立学院,滨江学院大气与遥感学院大气科学专业依托南京信息工程大学大气科学专业开设。

2019年,南京信息工程大学气象类专业本科生招生1164人,研究生招生394人(其中博士研究生100人)(表3.3)。

表 3.3　2018—2019 年南京信息工程大学气象类专业招生情况（单位：人）

气象专业招生	年份	
	2018 年	2019 年
本科生	1183	1164
研究生	428	394

（2）成都信息工程大学①

成都信息工程大学是四川省和中国气象局共建的省属普通本科院校。学校以信息学科和大气学科为重点，以学科交叉为特色，多学科协调融合发展。

大气科学学院：现有大气科学和应用气象学两个本科专业，大气科学一级学科硕士学位授权点，并开展了农业推广硕士专业学位研究生培养工作。学院现有教授 22 人，副教授 49 人；其中博士生导师 10 人、硕士生导师 46 人。

电子工程学院（大气探测学院）：全国高校中唯一从事气象探测工程与技术人才培养的单位。学院现有电子信息工程（含气象探测、信号处理 2 个方向）、电子信息科学与技术、生物医学工程 3 个本科专业，信息与通信工程、气象探测技术 2 个学术型硕士学位授权点。

2019 年，成都信息工程大学气象类专业本科生招生 1079 人，研究生招生 300 人（表 3.4）。

表 3.4　2016—2019 年成都信息工程大学气象类专业招生情况（单位：人）

气象专业招生	年份			
	2016 年	2017 年	2018 年	2019 年
本科生	367	354	675	1079
研究生	106	109	191	300

（3）南京大学大气科学学院②

南京大学是教育部直属重点高校。南京大学大气科学学院设有大气科学和应用气象学 2 个本科专业，气象学、大气物理学与大气环境和气候系统与气候变化 3 个硕士专业，拥有大气科学一级学科博士点。学院 2019 年有教职工 90 人，包括教授 32 人，副教授 26 人。拥有中国科学院院士 2 人、教育部长江学者特聘教授 1 人、国家杰出青年基金获得者 3 人、百千万人才工程国家级人选 2 人、国家优秀青

---

① 资料来源：成都信息工程大学。
② 资料来源：南京大学。

年基金获得者2人；教育部新（跨）世纪优秀人才4人，其他省部级人才10余人。

2019年，南京大学气象类专业本科生招生90人，研究生招生100人（其中博士研究生45人）（表3.5）。

表3.5　2018—2019年南京大学气象类专业招生情况（单位：人）

气象专业招生	年份	
	2018年	2019年
本科生	83	90
研究生	76	100

（4）兰州大学大气科学学院[①]

兰州大学是教育部直属重点高校，2004年6月成立我国高校第一个大气科学学院，拥有大气科学一级学科博士学位授权点，气象学、大气物理学与大气环境、气候学3个二级学科博士学位授权点，气象学、大气物理学与大气环境、应用气象学、气候学4个二级学科硕士点。现有1个大气科学博士后科研流动站，1个大气物理与大气环境国家重点培育学科。学院2019年有教职工79人，其中教学科研人员55人，包括教授23人，副教授19人（博士生导师17人，硕士生导师40人）。拥有中国科学院院士1人、国家杰出青年基金获得者2人、长江学者特聘教授1人、教育部高校青年教师奖1人、国家优秀青年基金获得者3人、教育部新世纪优秀人才2人、国务院学位委员会学科评定组成员1人、教育部大气科学教学指导委员会副主任1人、全国气象教学名师1人，另有兼职教授30余人（包括两院院士6人）。

2019年，兰州大学气象类专业本科生招生146人，研究生招生103人（其中博士研究生33人）（表3.6）。

表3.6　2018—2019年兰州大学气象类专业招生情况（单位：人）

气象专业招生	年份	
	2018年	2019年
本科生	181	146
研究生	95	103

---

① 资料来源：兰州大学。

(5) 中山大学大气科学学院①

中山大学是教育部直属重点高校。中山大学大气科学学院建立了从本科、硕士到博士的完整的人才培养体系。目前设有大气科学、应用气象学2个本科专业，设有气象学、大气物理学与大气环境、气候变化与环境生态学3个硕士点和博士点。2019年全院教师团队共78人，包括教授30人，副教授46人。其中，国家重点基础研究发展计划（973计划）首席科学家2人，国家重点研发计划首席科学家1人，长江学者特聘教授2人，杰出青年基金获得者3人。

2019年，中山大学气象类专业本科生招生150人，研究生招生96人（其中博士研究生38人）（表3.7）。

表3.7　2018—2019年中山大学气象类专业招生情况（单位：人）

气象专业招生	年份	
	2018年	2019年
本科生	105	150
研究生	64	96

(6) 北京大学物理学院大气与海洋科学系②

北京大学是教育部直属重点高校。北京大学物理学院大气与海洋科学系具有包括本科生、硕士和博士研究生在内的完整的人才培养体系。大气科学学科2019年入选首批国家级一流本科专业建设点，具有大气物理学与大气环境和气象学2个国家二级重点学科，自设气候学和物理海洋学2个二级学科。大气与海洋科学系设有大气物理学与大气环境、气象学、物理海洋学硕士点和博士点，设有大气科学专业本科。大气与海洋科学系2019年有教职工32人，其中教授20人，副教授7人，另有兼职教授5人（均为中国科学院院士）。

2019年，北京大学气象类专业本科生招生7人，研究生招生22人（其中博士研究生21人）（表3.8）。

表3.8　2018—2019年北京大学气象类专业招生情况（单位：人）

气象专业招生	年份	
	2018年	2019年
本科生	23	7
研究生	33	22

---

① 资料来源：中山大学。
② 资料来源：北京大学。

(7) 中国科学技术大学地球和空间科学学院①

中国科学技术大学是中国科学院所属重点高校。中国科学技术大学地球和空间科学学院1982年获得大气科学一级学科硕士学位授予权,在大气科学专业培养本科、硕士研究生,在大气物理学与大气环境专业培养硕士和博士研究生。该专业2019年师资队伍共有22人,其中教授9人,副教授7人。

2019年,中国科学技术大学气象类专业本科生招生12人,研究生招生31人(其中博士研究生11人)(表3.9)。

表3.9 2018—2019年中国科学技术大学气象类专业招生情况(单位:人)

气象专业招生	年份	
	2018年	2019年
本科生	15	12
研究生	30	31

(8) 中国海洋大学海洋与大气学院海洋气象学系②

中国海洋大学是教育部直属重点高校。中国海洋大学海洋与大气学院大气科学专业以海洋气象为特色,是我国培养海—气相互作用与气候、海洋气象学等方面人才的重要基地之一。目前,海洋与大气学院下设海洋气象学系,拥有大气科学本科专业,以及大气科学博士学位授予权一级学科点,下设大气物理学与大气环境和气象学2个二级学科博士和硕士点,设有博士后流动站。学校大气科学专业2019年拥有专任教师27人,其中教授9人,副教授9人。

2019年,中国海洋大学气象类专业本科生招生157人,研究生招生116人(其中博士研究生21人)(表3.10)。

表3.10 2018—2019年中国海洋大学气象类专业招生情况(单位:人)

气象专业招生	年份	
	2018年	2019年
本科生	80	157
研究生	44	116

---

① 资料来源:中国科学技术大学。
② 资料来源:中国海洋大学。

(9) 云南大学资源环境与地球科学学院大气科学系①

云南大学是教育部直属重点高校。云南大学资源环境与地球科学学院大气科学系建立于 1971 年,具有完整的本科、硕士、博士人才培养体系,现设有大气科学本科专业,并有气象学、大气物理学与大气环境 2 个硕士学位点和大气科学一级博士学位点。2019 年该系拥有专任教师 20 人,其中教授 5 人,副教授 5 人。此外,还有中国科学院大气物理研究所、中国气象科学研究院、云南省气象局等单位的客座教授或兼职博士生、硕士生导师 10 余名。

2019 年,云南大学气象类专业本科生招生 69 人,研究生招生 19 人(其中博士研究生 3 人)(表 3.11)。

表 3.11 2018—2019 年云南大学气象类专业招生情况(单位:人)

气象专业招生	年份	
	2018 年	2019 年
本科生	73	69
研究生	17	19

(10) 复旦大学大气科学研究院大气与海洋科学系②

复旦大学是教育部直属重点高校。2016 年 4 月,复旦大学成立大气科学研究院,增设大气科学学科。2017 年,大气科学研究院获得本科生和研究生招生资格。2018 年 1 月,复旦大学批准建立大气与海洋科学系,现设气象与大气环境、气候与气候变化以及物理海洋与海洋气象 3 个学科方向。2018 年 3 月,大气科学一级学科博士学位授权点获国务院学位委员会审批通过。2019 年大气与海洋科学系师资队伍共有 47 人,包括中国科学院院士 2 人,教授/研究员 27 人,副教授/副研究员 5 人,国家杰出青年科学基金获得者 3 人。

2019 年,复旦大学气象类专业本科生招生 30 人,研究生招生 50 人(其中博士研究生 23 人)(表 3.12)。

表 3.12 2017—2019 年复旦大学气象类专业招生情况(单位:人)

气象专业招生	年份		
	2017 年	2018 年	2019 年
本科生	20	18	30
研究生	7	30	50

---

① 资料来源:云南大学。
② 资料来源:复旦大学。

(11) 中国农业大学资源与环境学院农业气象系①

中国农业大学是教育部直属重点高校。中国农业大学农业气象系源于1956年成立的农业物理气象系，1992年并入资源与环境学院。设有应用气象学本科专业，拥有农业气象学专业博士点，大气科学一级学科硕士点（包括气象学、大气物理与大气环境2个硕士专业），农业硕士专业学位点。2019年，农业气象系有教职工15人，其中教授5人、副教授9人。

2019年，中国农业大学气象类专业本科生招生22人，研究生招生28人（其中博士研究生6人）（表3.13）。

表 3.13 2018—2019年中国农业大学气象类专业招生情况（单位：人）

气象专业招生	年份	
	2018年	2019年
本科生	17	22
研究生	27	28

(12) 浙江大学地球科学学院大气科学系②

浙江大学是教育部直属重点高校。地球科学学院前身是1936年由时任校长竺可桢先生创办的史地系，通过80多年的发展，地球科学学院已经成为一个学科综合性较强的学院，下设大气科学系、地质学系、地理学系和地球信息科学与技术系4个系，5个本科专业。拥有大气科学等7个二级学科博士学位授权点。大气科学系现有教职工14人，其中教授8人，副教授5人。

2019年，浙江大学气象类专业本科生招生18人，研究生招生13人（其中博士研究生6人）（表3.14）。

表 3.14 2018—2019年浙江大学气象类专业招生情况（单位：人）

气象专业招生	年份	
	2018年	2019年
本科生	73	69
研究生	17	19

---

① 资料来源：中国农业大学。
② 资料来源：浙江大学。

(13) 中国地质大学（武汉）环境学院大气科学系①

中国地质大学（武汉）是教育部直属全国重点大学。大气科学系始于2005年设立的大气物理与大气环境研究所，2015年在环境学院正式成立大气科学系，2016年开始招收大气科学专业本科生，具有大气科学一级学科硕士点和水文气候学二级学科博士点。每年约招收30名大气科学（菁英班）本科生，10～15名硕士研究生和3～5名博士研究生。大气科学系2019年拥有专任教师15人，其中教授6人，副教授6人。此外，聘有讲座教授及兼职客座教授7人，其中中国工程院院士1人，外籍教授1人。

2019年，中国地质大学（武汉）气象类专业本科生招生30人，研究生招生20人（其中博士研究生6人）。

(14) 东北农业大学资源与环境学院②

东北农业大学资源与环境学院2000年成立，2016年通过教育部普通高等学校本科专业备案审批，开设应用气象学本科专业。学院现有农业资源与环境一级博士学位授权学科和博士后流动站各1个，拥有生态工程与农业气象等5个二级学科博士点。气象学科现有教师4人，其中教授1人，副教授2人，博士生导师和硕士生导师各1人。依托生态学硕士点，自1990年开始招收气象生态方向硕士研究生；挂靠作物生态学博士点，于2001年开始招收气象生态方向博士研究生。

(15) 沈阳农业大学农学院③

沈阳农业大学是以辽宁省管理为主、辽宁省与中央共建的重点高校。农学院下设应用气象学和大气科学本科专业，拥有大气科学一级学科硕士点。应用气象学专业和大气科学专业是我国东北地区唯一的气象类本科专业。气象应用学专业2019年拥有专任教师8人，其中教授1人，副教授4人；大气科学专业拥有专任教师10人，其中教授2人，副教授2人。

2019年，沈阳农业大学气象类专业本科生招生57人，研究生招生18人（表3.15）。

表3.15　2018—2019年沈阳农业大学气象类专业招生情况（单位：人）

气象专业招生	年份	
	2018年	2019年
本科生	53	57
研究生	18	18

---

① 资料来源：中国地质大学。
② 资料来源：东北农业大学。
③ 资料来源：沈阳农业大学。

(16) 清华大学理学院地球系统科学系[①]

清华大学是教育部直属重点高校。2009年3月，清华大学成立地球系统科学研究中心（简称"地学中心"）和全球变化研究院。2016年11月，在地学中心的基础上成立地球系统科学系（简称"地学系"）。

2019年地学系拥有专任教师29人，其中正高级职称11人，副高级职称16人。拥有大气科学一级学科硕士点。地学系目前尚未开始招收大气科学本科生，但已面向全校本科生开展"大气科学（全球变化方向）"辅修专业教育。每年招收大气科学博士生、硕士生各10余名。

(17) 华东师范大学地理科学学院[②]

华东师范大学地理科学学院由华东师范大学地球科学学部管理，未开设大气科学本科专业，仅在二级学科硕士学位授权点包含气象学专业，每年招收气象学硕士研究生2~3人。2019年，地理科学学院有专任教师94人，其中教授37人，副教授20人。

(18) 安徽农业大学资源与环境学院[③]

安徽农业大学资源与环境学院成立于2004年，未开设大气科学本科专业，仅在二级学科硕士学位授权点包含气象学专业，每年招收气象学硕士研究生5~6人。2019年，气象学教研室专任教师共有5人，其中教授2人，副教授1人。

(19) 广东海洋大学海洋与气象学院[④]

广东海洋大学是广东省人民政府和国家海洋局共建的省属大学。2001年湛江气象学校并入广东海洋大学。海洋与气象学院是广东海洋大学重点建设和优先发展的学院之一，拥有海洋科学一级学科博士点和一级学科硕士点，本科有海洋科学、大气科学和应用气象学3个专业，其中应用气象学本科专业2017年获批开始招生。学院现有专任教师26人，其中教授5人，副教授5人，此外有"珠江学者岗位"特聘教授1人，"双聘院士"3人，拔尖人才讲座教授5人，外籍教授2人。

2019年，广东海洋大学气象类专业本科生招生222人。

[①] 资料来源：清华大学。
[②] 资料来源：华东师范大学。
[③] 资料来源：安徽农业大学。
[④] 资料来源：广东海洋大学。

（20）中国民航大学空中交通管理学院[①]

中国民航大学空中交通管理学院是我国空中交通管理人才培养的发源地和主力军。学院现设有交通运输、应用气象学2个本科专业，于2014年成立航空气象系。截至2019年底，学院拥有专职气象教师10余人，其中高级职称2人，博士6人，中国科学院大气物理研究所和民航气象系统客座教授3人。中国民航大学应用气象学本科专业2017年获批开始招生，首批招生40人，2018年招生76人，2019年招生77人。

（21）中国民用航空飞行学院空中交通管理学院[②]

中国民用航空飞行学院空中交通管理学院从20世纪60年代开始从事民航空中交通管理人才的培养。学院2019年有专兼职教师100余人，其中教授28人，副教授35人，研究生导师38人。现有交通运输、导航工程、应用气象3个本科专业和1个交通运输工程研究生专业。应用气象学本科专业2016年开始招生，首批招生39人，2018年招生60人，2019年招生74人。

（22）内蒙古大学生态与环境学院大气科学系[③]

2017年1月，内蒙古大学与内蒙古自治区气象局联合成立了以培养大气科学专业学生为主的大气科学系，2017年3月获得本科生招生资格，2017年9月招收首批大气科学专业本科生。2019年，该系拥有专职师资队伍5人，其中教授1人，副教授1人。现有在校大气科学本科生104人，2017年首批招生35人，2018年第二批招生34人，2019年招生35人。

（23）江西信息应用职业技术学院气象系[④]

江西信息应用职业技术学院是经江西省人民政府批准，教育部备案的公办专科层次普通高校。目前，气象系设有大气探测技术、防雷技术、大气科学技术3个专业。现有专任教师24人，其中教授4人，副教授8人。2019年，江西信息应用职业技术学院气象类专科生招生136人。

（24）兰州资源环境职业技术学院气象系[⑤]

兰州资源环境职业技术学院是由原甘肃工业职工大学和原国家重点中专兰州

[①] 资料来源：中国民航大学。
[②] 资料来源：中国民用航空飞行学院。
[③] 资料来源：内蒙古大学。
[④] 资料来源：江西信息应用职业技术学院。
[⑤] 资料来源：兰州资源环境职业技术学院。

气象学校于 2004 年合并组建而成，属于专科层次的普通高等职业院校。现有大气科学技术、大气探测技术、大气探测技术（气象装备维护方向）、应用气象技术、应用气象技术（防灾减灾方向）、防雷技术 6 个教学专业。2019 年，以应用气象技术专业为核心的专业群被教育部、财政部列入"中国特色高水平专业群"建设计划。学院现有专任教师 31 人，其中教授 4 人，副教授 9 人。2019 年，兰州资源环境职业技术学院气象类专科生招生 210 人。

3.2.4　气象人才资源职业培训教育

进入 21 世纪，气象部门扎实推进气象人才教育培训体系建设，切实发挥教育培训在人才培养中的基础性、先导性、战略性作用，气象人才教育培训质量不断提升，教育培训能力稳步提高，较好地完成了气象人才教育培训工作任务。

（1）气象教育培训提质增效[①]

2009—2019 年，国家级气象培训总量呈大幅上升趋势，京外教学点培训量也呈同步上升趋势（图 3.7）。仅 2019 年国家级培训班共举办 105 期，面授培训各类干部职工近 4129 人次，培训量 9.8 万人天。其中，干部培训类 69 期 2940 人次，依托工程项目及其他专项开展培训 36 期 1189 人次。各省（区、市）气象培训机构举办省级培训班 104 期，培训各类干部职工 7.9 万余人次，其中干部培训类 43 期 2.0 万人次，业务培训类 61 期 5.9 万人次。2019 年中国气象局系统组织面授培训班 200 期，培训量达到 14.5 万人天。除了面授培训以外，建立了远程培训教学平台，远程学习时长逐年明显递增，2019 年远程培训在线学习时长累计 571 万小时，培训总体满意度为 97.6 分。

（2）干部教育培训有新突破

统筹推进中共中国气象局党校建设，进一步明确党校组织机构、职责、发展目标和主要任务，完善党校工作规则和党校工作体制机制。坚持党校姓党的根本原则，着力加强干部理论教育、党性教育和专业化能力培训，将习近平新时代中国特色社会主义思想进教材、进课堂。贯彻落实中央和中国气象局干部教育培训规划，党校自成立以来，举办中青年干部培训、高层次专家研修等进修培训，干部人事政策、纪检工作、巡视巡察等专题培训，入党积极分子、新党员、党务干

---

① 资料来源：中国气象局气象干部培训学院。

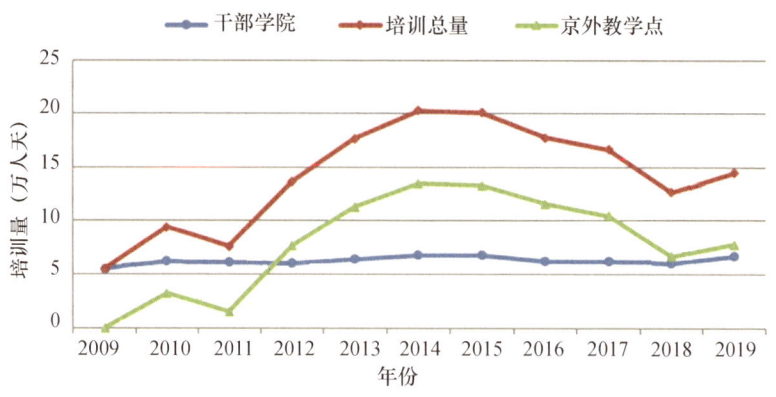

图 3.7　2009—2019 年中国气象局组织完成面授培训量

部等党务培训共 24 期，培训干部 1081 人次，15 033 人天。举办任职培训系列班 11 期，培训 399 人，实现司局级领导干部、省级以上气象部门处级领导干部、地市气象局长和县局长的任职培训全覆盖。初步形成了领导干部培训主体班次体系，填补了气象部门领导干部任职培训的空白。牵头分院举办新录用人员任职培训 9 期，培训 444 人次。加强党性教育基地建设，中国气象局党性教育基地（湖南韶山）被列入中央和国家机关党校党性教学基地名录，新增党性教育教材 9 本，培养现场主讲教师 6 人。

（3）业务技术培训有新亮点

服务保障国家重大战略，开展了生态环境气象、应对气候变化和气候资源、气象卫星在生态环境监测应用、气象灾害防御等专业培训，开展专项培训 15 期 580 人次，4605 人天。围绕监测精密、预报精准、服务精细的要求开展新业务技术培训，举办气象信息化、天气雷达观测技术、数据资料同化等培训 50 期，1606 人次，25 328 人天。2019 年全面完成第二轮省级以上天气预报员培训。依托培训专项经费和山洪、雷达、卫星、西北人工影响天气等重大工程项目经费支持，面向专业技术人员举办国家级重点培训 31 期，培训学员 1081 人，培训量 24 407 人天。

（4）干部调训有新举措

2018 年选送司局级领导干部 71 人次到中央党校（国家行政学院）、国防大学、浦东、井冈山、延安等干部学院参加中组部调训；气象局党校（气象干部培训学院）承办 2 期中央党校中央和国家机关分校处级干部进修班，培训时间 3 个月，57 名处级干部参加，其中外部委处级干部 27 名；举办 1 期气象部门中青年干部培训班，45 名中青年优秀处级干部参训；举办党组织、党务、纪检、巡视巡查国家级重点专题培训 4 期，参训 175 人。其他类型的国家级重点专题培训 11 期，参训 514 人。

（5）国际培训有新拓展

2018 年共完成 14 期国际培训班，来自 70 个国家的 365 位境外学员参加了培训。特别是干部学院首次开展"一带一路"沿线国家观测装备保障远程国际培训，采用"在线自主课件学习"和"远程同步授课"两种形式，对境外学员进行培训，举办卫星气象、临近预报、气候预测、航空气象等国际培训 7 期，对来自 34 个国家和地区的 143 名学员进行了培训。紧跟风云气象卫星事业发展，与国家卫星气象中心举办的首届风云卫星国际用户大会嵌套举办 2 期风云卫星产品应用培训班，扩大了参会人员的国别覆盖范围，42 名国际学员中有 30 名学员来自"一带一路"沿线国家，有效推动风云气象卫星服务"一带一路"行动方案的落实。

（6）远程培训有新进展

大力开展远程培训，2014—2019 年，远程培训在线学习时长不断增加（图3.8）。举办远程培训 27 期，开展大气科学基础知识类培训班教学改革，实施"面授+远程"混合式培训。将原来 3 个月的面授培训调整为 3 个月左右的网络培训加 1 个月的面授培训，目前已举办 4 期试点培训。面授与远程相结合的混合式培训方法在 20 余个培训班中推广使用。2019 年，充分利用气象网络教学平台，开展全国气象部门学习十九大精神、计划财务、业务知识等专项远程培训 2.37 万人次，气象部门职工全年在线学习时长累计 571 万小时，较 2018 年增加 36.37%，远程学习人数达 3.79 万人；将"不忘初心、牢记使命"主题教育、十九届四中全会精神等做成网络课程，远程教育网在线学习人数 4.54 万人，有效学时 670.8 万小时，较 2018 年增长 60%。

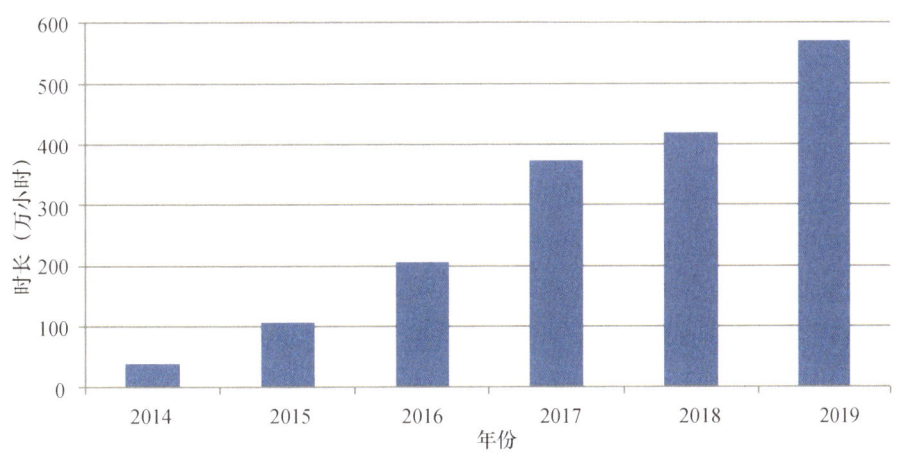

图 3.8　2014—2019 年气象远程培训在线学习时长

（7）教育培训基础能力建设扎实推进

通过开展"基础课程、专题课程、特色课程"三位一体分层分类的模块化课程体系建设，形成了面向领导干部和业务人员的党性教育、综合素质、岗位技能、新技术新方法等分层分类的核心课程体系。截至 2019 年，教材总量达 256 册，教材讲义 37 本，新发布网络课件 1297.5 学时，网络公开课累计 7858 学时，截至 2019 年 11 月，远程教育中心录制完成多媒体课件共计 1060 课时，编辑完成多媒体课件 661 课时，其中大气科学专业基础知识培训班录制 234 课时。

培训质量管理和效益评估不断强化。加强教学质量评估指标研究与分析，形成基于业务培训、干部培训、党校培训的教学质量评估指标修订意见，教学满意度持续提高。到 2018 年培训满意度为 97.6 分，较 2017 年提高 1.7%（图 3.9）。

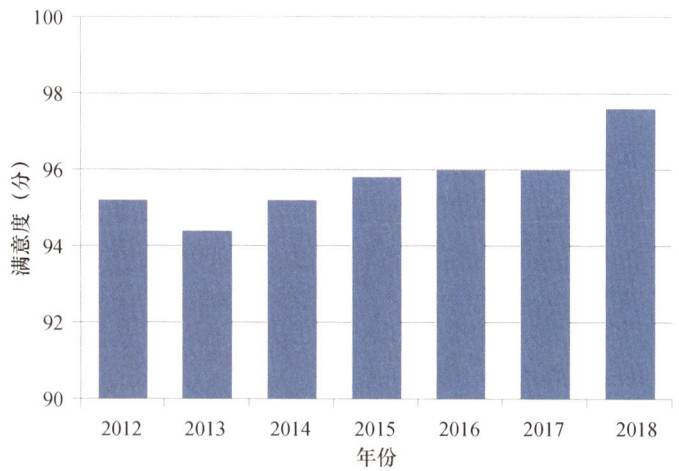

图 3.9 2012—2018 年国家级气象培训项目满意度

3.3 行业部门气象人才资源

（1）民航气象[①]

中国民用航空局空中交通管理局负责民航气象行业管理工作。民航气象人员实行执照管理制度，现有包括观测、预报、设备维护岗位的气象人员队伍，有一

[①] 资料来源：中国民用航空局空中交通管理局。

批取得了民航气象执照的人员,近年民航部门气象人才资源情况见表 3.16。

截至 2019 年年底,持有民用航空各类气象人员执照达 5407 人,包括持有预报类别执照人员 2515 人,持有观测类别执照人员 3803 人,持有设备保障类别执照人员 2471 人(部分人员持多岗执照)。持有执照人员中,具有博士研究生学历 7 人,硕士研究生学历 465 人,研究生以上学历占 8.9%;具有本科学历 3934 人,占 74.5%;具有大专学历 874 人,占 16.6%。2019 年,为加强人才培养,民航气象部门围绕"空地数据链在气象领域的研究与应用""机场 C 波段全数字相控阵天气雷达""强对流短临预报系统"等议题组织科技成果交流会,加强航空气象技术交流和成果共享,提升气象人员对航空气象新技术、新方法、新手段的综合应用能力。

表 3.16 2015—2019 年民航部门气象人才资源情况

年份	气象人员总数(人)	本科学历以上人员	
		本科以上人数(人)	本科以上人员占比(%)
2015	3811	2860	75%
2016	4302	3295	76.6%
2017	4636	—	—
2018	4976	3932	80%
2019	5407	4406	81.5%

注:气象人员总数是指现持有民航气象人员执照人数,包括预报、观测、设备保障人员。

(2) 兵团气象[①]

新疆生产建设兵团农业农村局农业气象处负责兵团气象行业管理工作。兵团建成了兵、师、团"两级管理、三级业务技术"防灾减灾管理体系、指挥作业体系和安全保障体系。兵团本级现有气象机构 2 个,一个是农业农村局内设机构农业气象处(挂兵团气象局、兵团人工影响天气办公室牌子),为正处级单位;另一个是兵团气象科技服务中心,为兵团农业局下属正县(团)级一类事业单位。截至 2019 年年底,兵团各师共有气象人员 104 人(上含第八师),本科学历以上人员占 74.04%。兵团各师下属气象台站 178 个,各台站均改为无人站。2019 年,成立了兵团人工影响天气办公室,深入推进兵团人工影响天气管理体制改革工作。

(3) 农垦气象[②]

黑龙江省农垦总局农业局负责农垦气象行业管理工作。农垦气象工作分为三

[①] 资料来源:新疆生产建设兵团农业农村局农业气象处。
[②] 资料来源:黑龙江省农垦总局农业局。

级管理,即总局气象管理站、管理局气象台、气象台站。总局气象管理站及管理局气象台承担所属台站的业务工作管理与指导,各气象台站均隶属于农垦总局、管理局、农场农业局(处)、科。目前共有各类气象台站94个,其中管理局气象台6个,农场气象站86个,形成了体系比较完备、独具农垦特色的气象队伍。

截至2019年年底,全局共有气象科技人员近300人,其中总局气象管理站和管理局气象台事业在编人员30余人,农场气象站企业编制人员260余人。全局气象人员中,高级工程师26人,工程师103人,助理工程师和技术员149人。气象专业人员普遍经过了国家气象院校的正规学习和培训,本科学历180人,占60%,大专学历90人,占30%。从事气象专业技术15年以上的业务人员占70%以上。垦区各级充分发挥国家气象的管理、技术、人才优势,有力地推动了垦区气象事业的发展和现代化建设。

(4) 森工气象[1]

2019年黑龙江省森林工业总局全面推进管理体制改革,与43个省直厅局和相关单位进行对接,森工政府行政职能全部移交完成。黑龙江省森林工业总局更名为中国龙江森林工业集团有限公司,集团改制重组为国有大型生态公益性企业,承担森林培育、保护、经营等重大生态建设任务,是重点国有林区森林资源经营管理的主体,独立拥有森林经营的自主权利。改制后的森工气象由森工集团森林生态建设部接管,实行集团生态建设部、林业有限公司气象站、林场气象站三级管理。

目前共拥有林区气象站23个,森林物候气象哨(林场所)89个。截至2019年年底,共有气象工作人员134人,其中企业编制132人。全体气象人员中,高级工程师8人、工程师19人、助理工程师51人;本科14人、大专64人、中专56人。从专业结构上看,气象专业人员较少,多为林学、森保等农林专业。

(5) 水利气象[2]

水利部水文情报预报中心为水文局下属事业单位,内设气象处、水情一处和水情二处。水文情报预报中心人员编制40人。水文情报预报中心的主要职责是组织指导全国水文情报预报和水利气象工作,组织拟定水文情报预报技术标准并监督实施,管理中央报汛报旱信息工作,组织提供国家防汛抗旱所需的各种情报预报信息,发布全国江河实时水情信息和预报信息等。

---

[1] 资料来源:黑龙江省森林工业总局营林局。
[2] 资料来源:国家水利部信息中心。

(6) 海洋气象[①]

我国的海洋预报机构始建于 1965 年。当时，为满足国防建设和国民经济发展需要，国家海洋局批准成立了国家海洋环境预报中心和北海预报中心、东海预报中心、南海预报中心 3 个海区预报中心。近年来，随着沿海经济的快速发展，部分沿海地方政府陆续成立了自己的海洋预报机构，全国挂牌成立海洋预报机构的单位达到 55 家，实际对外发布海洋预报的单位有 35 家。

2018 年国务院机构改革，国家海洋局预报机构转隶自然资源部管理，地方海洋预报机构也相应划转。目前，35 家海洋预报机构中从事预报工作的业务人员总数有 300 余人，具有初级、中级、高级职称的人员比例分别为 35.1%、35.4%、29.4%，大部分高级职称人员都集中在国家海洋环境预报中心和自然资源部北海、东海、南海预报中心。专业结构方面，各级海洋预报机构业务人员所学专业以水文气象和物理海洋为主，占 60.1%。学历结构方面，本科学历占 53.1%，研究生以上学历占 30.1%。海洋预报业务人员主要从事海浪、风暴潮、海啸、海冰、海温、海流、潮汐等海洋要素的观测预报工作。

国家海洋环境预报中心提供的海洋预报服务包含海洋气象预报等内容，预报服务范围从全球大洋到我国管辖海域，实现了无缝覆盖。海洋气象预报工作由海洋气象预报室负责。该室有短期预报组、中长期预报组以及专题预报保障组，负责制作和发布我国近海及全球大洋的海洋气象预报和预测，监视、预警海上灾害性天气过程。预报中心拥有一支业务素质高、技术力量强的海洋预报科研队伍，现有中国科学院院士 1 人，正高级工程师 21 人，副高级工程师 54 人，中级职称 109 人，初级职称 67 人。现有人员 297 人，其中，博士后 4 人，博士 60 人，硕士 111 人，本科 71 人。预报中心同时也是国务院学位委员会授权的物理海洋和气象学硕士学位授权点，同时与中国海洋大学、厦门大学等多家高校、研究机构联合培养研究生。2010 年，预报中心得到人力资源和社会保障部批准，设立博士后科研工作站，现有在站博士后 4 人。

[①] 资料来源：国家海洋环境预报中心。

第1章
气象人才资源评估指标体系构建

随着当今科技的迅猛发展和学科的交叉融合，大气科学的发展将与海洋学、水文学、地理学、生态学、环境科学、信息科学乃至社会科学领域的多个学科的发展紧密相关。同时，大气科学也已成为地球系统科学和可持续发展科学的重要组成部分。大气科学既要继承传统又要突破创新，必须具有丰富的气象人才资源，尤其是具有高素质复合型竞争力强的气象人才资源。构建气象人才资源评估指标体系，是科学开展气象人才资源评估的基础，是客观和深度认识气象人才资源的重要条件。科学测评方法，是实现气象人才资源科学评估的有效方法。因此，迫切需要专题研究气象人才资源评估指标体系构建和测评方法。

4.1 气象人才资源可持续发展指标体系构建

气象人才资源可持续竞争力（Meteorological-Human Talents Resources Sustainable Competitiveness，简称 MHSC）是气象人才资源在气象科学技术研究、气象业务、气象服务工作中所显现出的持续性的总体能力和相对位势，是人才数量、质量、创新能力、使用效益、人才环境等人才资源因素相互联系、相互作用的结果。

4.1.1 指标体系构建方法

对 MHSC 的测量，可从不同视角、不同层次、不同类型进行研究和分析，如比较研究气象部门和外部门人才资源可持续竞争力态势，或者比较研究气象部门内部不同地域、不同单位人才资源可持续竞争力态势，以上两个方面也可同时比较研究。经过系统研究和分析，本研究报告设计了一套逐级分解、层层叠加的 MHSC 指标体系（表 4.1）。

表 4.1 MHSC 测评因素指标体系

总体层	类型层	系统层	变量层	
MHSC 人才资源可持续竞争力	H1 现实性竞争力	H3 人才结构	H7 学历结构	H16 本科人员比例
				H17 研究生人员比例
			H8 职称结构	H18 中级专业技术人员比例
				H19 副高级专业技术人员比例
				H20 正研级专业技术人员比例
	H2 持续性竞争力	H4 人才创新能力	H9 年龄结构	H21 年龄在 40 岁以下人员比例
				H22 年龄在 41~50 岁的人员比例
				H23 年龄在 51 岁以上人员比例
			H10 人均获奖成果数	H24 人均获国家级成果数
				H25 人均获省部级成果数

续表

总体层	类型层	系统层	变量层		
MHSC 人才资源可持续竞争力	H2 持续性竞争力	H5 人才流动倾向	H11 人均承担课题项目数	H26 人均承担国家级课题数	
				H27 人均承担省部级课题数	
				H28 人均承担司局级课题数	
			H12 人才流动率	H29 人才资源增加率	
				H30 人才资源流失率	
		H13 接收毕业生比例			
		H6 人才生态环境	H14 社会环境	H31 人均可支配收入	
				H32 人均GDP	
			H15 单位环境	H33 生活环境	H36 人均劳动报酬水平
					H37 人均享受社会保险情况
					H38 人均成套住房面积
					H39 人均住房面积
				H34 工作环境	H40 人均课题经费
					H41 继续教育和岗位培训人员比例
					H42 人均继续教育和岗位培训经费投入
				H35 政策环境	H43 公派出国人员比例
					H44 表彰先进比例
					H45 文明单位比例

该指标体系共分为总体层、类型层、系统层和变量层四级层次。

总体层：综合表达MHSC的总体水平。

类型层：MHSC指标系统可分解为现实性竞争力和持续性竞争力两大类型。现实性竞争力是指直接体现人才资源竞争力现实性的因素指标；持续性竞争力是指直接影响人才资源竞争力持续性的因素指标。

系统层：两大类型进一步被分解为4个支撑系统：现实性竞争力以气象人才结构为支撑系统；持续性竞争力以气象人才创新能力、气象人才流动倾向、气象人才生态环境为支撑系统。

变量层：采用可量化、可比较、易获得的因素指标及因素指标群，对系统层的数量表现、强度表现、速率表现进行直接测量。本因素层由上一级的4个系统指标分解为9个变量指标，9个变量指标又进一步分解为20个子变量指标，20个子变量指标中的3个又被分解为10个孙变量指标。

在第四级变量层共采用了39个变量指标，对上一级4个支撑系统指标进行定量描述。4个支撑系统又进一步对两大类型进行定量描述，最终测量出一个单位的人才资源可持续竞争力水平。也就是说，本指标体系共采用了43个因素指标，全面系统地对一个单位的MHSC进行测量，形成可供比较、可供分析的MHSC指数。

4.1.2 指标体系构建内容

将气象人才资源总量（X）作为基础数据。本研究所涉及的人才资源总量是指气象部门在职正式职工总数。

MHSC指标体系的构建内容如下：

4.1.2.1 气象人才资源可持续发展现实性竞争力构成

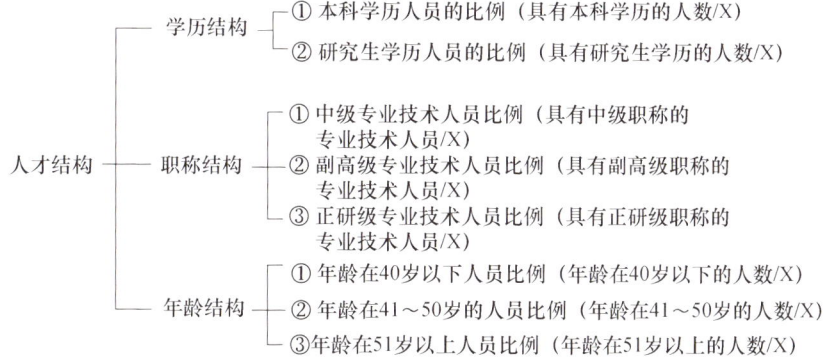

4.1.2.2 气象人才资源可持续发展持续性竞争力构成

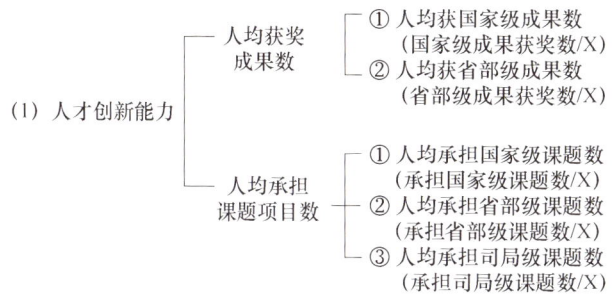

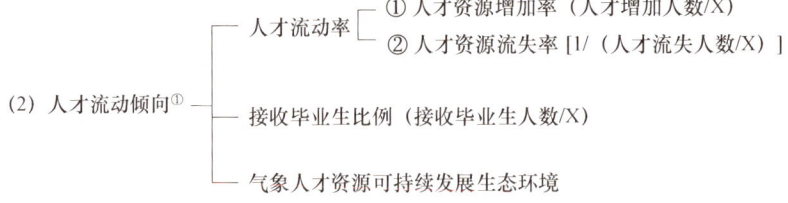

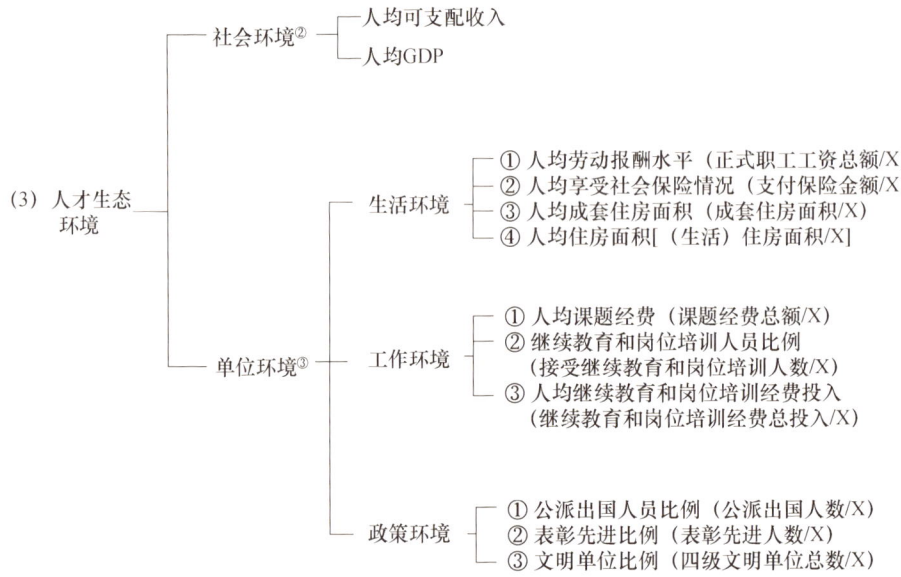

4.2 气象人才资源可持续发展力测评方法

4.2.1 数据来源与处理

本研究中有关气象数据主要来自 2007—2017 年的《气象统计年鉴》，部分社会数据来自 2007—2017 年的《中国统计年鉴》。

---

① 这是衡量地区人才凝聚力的重要指标，应该包括本科以上毕业生的流向率、高层次年轻人才的流向比率等因素指标，每个因素指标应包括人才的正流向比率（人才引进比率）和负流向比率（人才流失比例）。但受气象统计资料限制，本研究进行了特别设计。

② 数据来源：国家统计局，所在地区数据。

③ 数据来源：所在地区气象部门数据。

本研究对原始数据进行了无量纲化处理，具体为对人才资源可持续竞争力评估的四级指标原始值分别进行处理。无量纲化方法是综合评价步骤中的一个环节，是为了消除多指标综合评价中计量单位上的差异，以及指标数值的数量级、相对数形式的差别，解决指标的可综合性问题。

四级指标采用以下公式进行无量纲化处理，即：

$$x_{i,j_i,k_{i,j_i},t} = \frac{z_{i,j_i,k_{i,j_i},t} - \text{Min}(z_{i,j_i,k_{i,j_i},t})}{\text{Max}(z_{i,j_i,k_{i,j_i},t}) - \text{Min}(z_{i,j_i,k_{i,j_i},t})} \times 100 \quad (\text{式 1})$$

$$x_{i,j_i,k_{i,j_i},t} = \frac{z_{i,j_i,k_{i,j_i},t}}{z_{i,j_i,k_{i,j_i},2007}} \times 100 \text{ 或 } \frac{z_{i,j_i,k_{i,j_i},2007}}{z_{i,j_i,k_{i,j_i},t}} \times 100 \quad (\text{式 2})$$

为了实现各省之间的横向比较（式（1））及本省内的年度纵向比较（式（2）），本研究将分别进行标准化和数据计算。对于本省内的年度纵向比较，将以 2007 年为基准进行比较，其中海南较为特殊，以 2011 年为基准（由此，计算结果原则上不参与排序）。

4.2.2 主要测评方法概述

人才资源可持续竞争力评估采用综合指数法、标杆分析法、德尔菲法等方法进行评价。

综合指数法是将一组相同或不同指数值通过经济统计学处理，使不同计量单位、不同性质的指标值标准化，最后转化为一个综合指数，以准确评价某一领域发展综合水平的方法。该方法不仅可以反映复杂经济现象的总体变动方向和程度，而且可以确切、定量地说明现象变动所产生的实际效果。

标杆分析法又称基准化分析法（Benchmarking），即对所衡量的对象提供一个参考值，并与参考值进行比较和分析评价，进而发现优势和不足。根据评价需求，可以选择不同类型的标杆，如竞争对手、一流目标、时间基点等。本研究在人才资源可持续竞争力评估的过程中采用 2007 年为时间基点，以此为标准衡量所有被评价对象的时间点，从而分析各省的人才资源竞争力发展变化情况。

德尔菲法又称专家打分法，是研究编制指数确定权重广泛应用的一种方法。权重值的确定直接影响综合评估的结果，权重值的变动可能引起被评估对象优劣顺序的改变。所以，合理地确定综合评估气象服务发展各主要因素指标的权重，是进行综合评估能否成功的关键问题。本研究采用专家打分法来确定各级指标的权重。

4.2.3 指标体系权重设定

4.2.3.1 指标系数赋权原则

对 MHSC 的测量,应该系统地把握和界定。MHSC 不是各构成因素的简单相加,而是各因素互相联系、互相作用所形成的具有一定结构特征和运行规律的系统的整体功能。各因素指标对上一级因素指标的影响程度不同,因此,在进行竞争力的计算时,根据各因素指标对上一级因素指标影响程度的大小,赋予不同的权重系数,每一级各因素指标的赋权系数之和为 1。这就是 MHSC 指标体系赋权系数的确定原则。

4.2.3.2 指标体系权重设定方法

人才资源可持续竞争力评估指标体系权重设定采用层次分析法(AHP 算法)。层次分析法的基本原理是依据具有递阶结构的目标、子目标(准则)、约束条件、部门等来评价方案,采用两两比较的方法确定判断矩阵,然后把判断矩阵的最大特征值相对应的特征向量、分量作为相应的系数,最后综合给出个方案的权重。

AHP 算法的基本过程,大体可以分为如下 6 个步骤(图 4.1)。

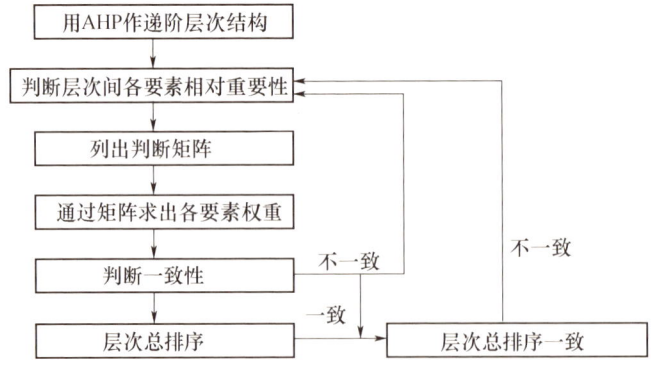

图 4.1 AHP 算法流程图

(1) 明确问题

弄清问题的范围、所包含的因素及各因素之间的关系等,以便尽量掌握充分的信息。

(2) 建立层次结构

将问题所含的因素进行分组,把每一组作为一个层次,按照最高层(目标层)、若干中间层(准则层)和最低层(方案层)的形式排列起来。如果某一个因素与下一层次的所有因素均有联系,则称这个因素与下一层次存在有完全层次关系;如果某一个因素只与下一层的部分因素有联系,则称这个因素与下一层次存在有不完全层次关系。层次之间可以建立子层次,子层次从属于主层次中的某一个因素,可以与下一层次的因素有联系,但不形成独立层次。

构建人才资源可持续竞争力评估影响因素的五级层次递推结构,目标层 E 即为人才资源可持续竞争力指数,一级指标为 A_i ($i=1, 2$),二级指标为 B_i ($i=1, 2, 3, 4$),三级指标为 C_i ($i=1, 2, \cdots, 8$),四级指标为 D_i ($i=1, 2, \cdots, 25$)。

(3) 构造判断矩阵

确定各层次各因素之间的权重时,采用一致矩阵法,不是把所有因素放在一起比较,而是两两相互比较,以尽可能减少性质不同因素相互比较的困难。

根据评价指标体系表构造判断矩阵以确定各层因素的权重,其中,目标层与一级指标之间的判断矩阵为 $E-A$,一级指标与二级指标之间的判断矩阵为 A_i-B ($i=1, 2$),二级指标与三级指标之间的判断矩阵为 B_i-C ($i=1, 2, 3, 4$),三级指标与四级指标之间的判断矩阵为 C_i-D ($i=1, 2, \cdots, 8$),四级指标为 D_i ($i=1, 2, \cdots, 25$)。

判断矩阵举例表示如下:

$$E-A=(a_{ij})_{7\times7}=\begin{pmatrix} a_{11} & \cdots & a_{17} \\ \vdots & \ddots & \vdots \\ a_{71} & \cdots & a_{77} \end{pmatrix}_{7\times7}, (i=1, 2; j=1, 2)$$

$$A_i-B=(b_{ij})_{2\times2}=\begin{pmatrix} b_{11} & b_{12} \\ b_{21} & b_{22} \end{pmatrix}_{2\times2}, (i=1, 2; j=1, 2)$$

$$B_i-C=(c_{ij})_{2\times2}=\begin{pmatrix} c_{11} & c_{12} \\ c_{21} & c_{22} \end{pmatrix}_{2\times2}, (i=1, 2; j=1, 2)$$

式中,a_{ij} 表示一级指标中因素 i 和因素 j 相对于目标值 E 的重要性,b_{ij} 表示二级指标中因素 i 和因素 j 相对于一级指标 A_i 的重要性,c_{ij} 表示三级指标中因素 i 和因素 j 相对于二级指标 B_i 的重要性。因素比较的结果采用 1~9 标度法,一般取值为 1/9, 1/8, ⋯, 1/2, 1, 2, ⋯, 8, 9 等。

采用 1~9 标度法进行打分:

1 表示 i, j 两因素同等重要；

3 表示 i 因素比 j 因素稍显重要，1/3 表示 i 因素比 j 因素稍显不重要；

5 表示 i 因素比 j 因素明显重要，1/5 表示 i 因素比 j 因素明显不重要；

7 表示 i 因素比 j 因素强烈重要，1/7 表示 i 因素比 j 因素强烈不重要；

9 表示 i 因素比 j 因素极端重要，1/9 表示 i 因素比 j 因素极端不重要。

2，4，6，8，1/2，1/4，1/6，1/8 则表示重要性分别为 1～3，3～5，5～7，7～9，1～1/3，1/3～1/5，1/5～1/7，1/7～1/9。

权重调查问卷专家打分表示例见表 4.2。

表 4.2 权重调查问卷专家打分表

MHSC	H1	H2	H3	H4	H5	H6
现实竞争力（H1）	—					
持续竞争力（H2）		—				
人才结构（H3）			—			
创新能力（H4）				—		
人才流动倾向（H5）					—	
人才生态环境（H6）						—

注：请填写指标（H1～H6）之间相对于终极指标 E 的重要性数值。

（4）层次单排序

层次单排序是指本层次各因素对上一层次某因素重要性的排序权重。根据专家填写的判断矩阵，对其进行层次单排序及一致性检验，从而得到每个判断矩阵对应的权重向量。

若取权重向量 W，则有：

$$AW = \lambda W$$

式中，λ 是 A 的最大正特征值，那么 W 是 A 的对应于 λ 的特征向量。从而层次单排序转化为求解判断矩阵的最大特征值 $\lambda_{\max}$ 和它所对应的特征向量，就可以得出这一指标的相对权重。

为了检验判断矩阵的一致性，需要计算一致性指标：

$$CI = \frac{\lambda_{\max} - n}{n - 1}$$

当 $CI = 0$ 时，判断矩阵具有完全一致性；反之，CI 越大，则判断矩阵的一致性就越差。

(5) 层次总排序

利用同一层次中所有层次单排序的结果，就可以计算对于上一层次而言本层次所有因素的重要性权重值，这就称为层次总排序。层次总排序需要从上到下逐层按顺序进行。其中，最高层的层次单排序就是其总排序。

若上一层次所有因素 A_1，A_2，…，A_m 的层次总排序已经完成，得到的权重值分别为 a_1，a_2，…，a_m，与 a_j 对应的本层次因素 B_1，B_2，…，B_n 的层次单排序结构为 $[b_1，b_2，…，b_n]^T$，这里，当 B_i 与 a_j 无联系时，$b_i=0$。

(6) 一致性检验

为了评价层次总排序计算结果的一致性，类似于层次单排序，也需要进行一致性检验。

$$CI = \sum_{j=1}^{m} a_j CI_j$$

$$RI = \sum_{j=1}^{m} a_j RI_j$$

$$CR = \frac{CI}{RI}$$

式中，CI 为层次总排序的一致性指标，CI_j 为与 a_j 对应的 B 层次中判断矩阵的一致性指标；RI 为层次总排序的随机一致性指标，RI_j 为与 a_j 对应的 B 层次中判断矩阵的随机一致性指标；CR 为层次总排序的随机一致性比例。同样，当 $CR<0.10$ 时，则认为层次总排序的计算结果具有令人满意的一致性；否则，就需要对本层次的各判断矩阵进行调整，从而使层次总排序具有令人满意的一致性。

4.2.3.3 指标体系权重系数

根据赋权系数确定原则，各因素指标对 MHSC 影响程度的大小不同，则权重系数就不同。比如，持续性竞争力因素指标被分解为创新能力、流动倾向和生态环境 3 个因素指标，而生态环境直接影响了人才的流动倾向和创新能力，进而影响了 MHSC，因此，应赋予人才生态环境较高的权重系数。人才生态环境被分解为社会环境和单位环境两个因素指标，其中，人才资源所处的单位环境是处于社会大环境之中的，社会环境对 MHSC 的影响程度更大，因此，应给社会环境赋予较高的权重系数。

为了便于计算，本研究作了简化处理，权重系数保留小数点后一位或两位数。各因素指标的赋权系数见表 4.3。

表 4.3 MHSC 指标体系因素指标赋权系数

总体层	类型层	系统层	变量层	
MHSC 气象人才资源可持续竞争力	H1 现实性竞争力 0.4	H3 人才结构 1	H7 学历结构 0.3	H16 本科人员比例 0.4
				H17 研究生人员比例 0.6
			H8 职称结构 0.4	H18 中级专业技术人员比例 0.2
				H19 副高级专业技术人员比例 0.3
				H20 正研级专业技术人员比例 0.5
			H9 年龄结构 0.3	H21 年龄在 40 岁以下人员比例 0.4
				H22 年龄在 41~50 岁的人员比例 0.3
				H23 年龄在 51 岁以上人员比例 0.3
	H2 持续性竞争力 0.6	H4 人才创新能力 0.25	H10 人均获奖成果数 0.6	H24 人均获国家级成果数 0.6
				H25 人均获省部级成果数 0.4
			H11 人均承担课题项目数 0.4	H26 人均承担国家级课题数 0.4
				H27 人均承担省部级课题数 0.35
				H28 人均承担司局级课题数 0.25
		H5 人才流动倾向 0.25	H12 人才资源流动率 0.5	H29 人才资源增加率 0.5
				H30 人才资源流失率 0.5
			H13 接收毕业生比例 0.5	
		H6 人才生态环境 0.5	H14 社会环境 0.6	H31 各省市人均可支配收入 0.5
				H32 人均 GDP 0.5
			H15 单位环境 0.4	H33 生活环境 0.34：H36 人均劳动报酬水平 0.25
				H33 生活环境 0.34：H37 人均享受社会保险情况 0.25
				H33 生活环境 0.34：H38 人均成套住房面积 0.25
				H33 生活环境 0.34：H39 人均住房面积 0.25
				H34 工作环境 0.33：H40 人均课题经费数 0.33
				H34 工作环境 0.33：H41 继续教育和岗位培训人员比例 0.33
				H34 工作环境 0.33：H42 人均继续教育和岗位培训经费投入 0.34
				H35 政策环境 0.33：H43 公派出国人员比例 0.33
				H35 政策环境 0.33：H44 表彰先进比例 0.33
				H35 政策环境 0.33：H45 文明单位比例 0.34

4.2.4 指数计算模型

将所有指标无量纲化后的数值与其权重按如下公式计算就得到分指数：

$$I_{i,t} = \sum I_{i,j_i,t} \times w_{i,j_i} = \sum \left[\sum \left(\sum x_{i,j_i,k_{i,j_i},t} \times \sum w_{i,j_i,k_{i,j_i}} \right) \times w_{i,j_i} \right]$$

其中，$i=1, 2, \cdots, n$，n 为一级指标个数；$x_{i,j_i,k_{i,j_i},t}$ 表示第 i 项分指数对应的第 k 项四级指标的取值；w_{i,j_i} 表示第 i 项指数的权重。

将人才资源可持续竞争力评估指标体系中的各指标数值与其权重按如下公式计算得到总指数 I：

$$I = \sum I_{i,t} \times w_i = \sum \left[\sum \left(\sum x_{i,j_i,t} \times w_{i,j_i} \right) \times w_i \right]$$

$$= \sum \left\{ \sum \left[\sum \left(\sum x_{i,j_i,k_{i,j_i},t} \times w_{i,j_i,k_{i,j_i}} \right) \times w_{i,j_i} \right] \times w_i \right\}$$

第 5 章
气象人才资源评估实证与分析

根据第 4 章提出的数据处理方法，MHSC 变量层各要素指标，均可计算出可供测量、分析的要素指标赋分值和要素指标竞争力指数。本章选取 2007—2017 年《气象统计年鉴》《中国统计年鉴》中与本研究相关的数据，对气象人才资源进行实证评估。

5.1 气象人才资源现实水平测评

5.1.1 气象人才资源测评总体水平

气象人才资源可持续竞争力水平测评，总体层、类型层与系统层的各要素指标竞争力指数，均由下一级各要素指标赋分值权重求和所得，而变量层各要素指标的赋分值则由该要素指标的竞争力指数经过无量纲化处理所得。

依据 2017 年要素指标 H16（本科人员比例），竞争力最高的为广西壮族自治区气象局的 77.86%，竞争力最低的为北京市气象局的 40.88%，上海市气象局竞争力为 42.52%，则上海市气象局该要素指标的无量纲化处理赋分值为（42.52%－40.88%）/（77.86%－40.88%）×100＝4.43 分，用同样的方法计算出上海市气象局要素指标 H17 的赋分值为 95.08 分。根据各级指标的权重，那么上海市气象局 2017 年 H7 学历结构的竞争力指数为 58.82（各省份计算指数图表略）。

按照这一思路，首先对 4 个支撑系统要素指标即人才结构、人才创新能力、人才流动倾向、人才生态环境进行分类竞争力的比较研究。然后对 4 个支撑系统指数经过权重求和后分别得出现实竞争力指数，在此基础上，再对两大类型要素进行权重求和，最后得到直观的、可进行比较分析的 MHSC 指数。在所有图表计算中，均保留小数点后两位数。从表 5.1、图 5.1 可知 MHSC 总体水平。

表 5.1 人才资源可持续竞争力总体水平比较（2007—2017 年平均）

要素指标序号及名称	人才资源可持续竞争力赋分值		人才资源可持续竞争力指数	人才资源可持续竞争力总体排序	
	现实性竞争力	持续性竞争力		地区	排名
赋权系数	0.40	0.60			
北京	63.35	54.01	57.75	上海	1
天津	46.65	39.42	42.31	北京	2
河北	32.77	17.26	23.46	天津	3
山西	30.82	14.78	21.20	浙江	4
内蒙古	31.42	16.14	22.25	广东	5
辽宁	39.47	21.09	28.45	江苏	6

续表

要素指标序号及名称	人才资源可持续竞争力赋分值		人才资源可持续竞争力指数	人才资源可持续竞争力总体排序	
	现实性竞争力	持续性竞争力		地区	排名
赋权系数	0.40	0.60			
吉林	38.51	20.20	27.52	重庆	7
黑龙江	37.04	14.84	23.72	福建	8
上海	69.81	49.76	57.78	辽宁	9
江苏	42.45	27.72	33.61	山东	10
浙江	42.60	32.14	36.32	湖北	11
安徽	35.70	16.27	24.04	吉林	12
福建	34.77	25.32	29.10	陕西	13
江西	31.55	15.87	22.14	宁夏	14
山东	36.86	22.33	28.14	安徽	15
河南	33.49	15.88	22.93	黑龙江	16
湖北	37.94	21.59	28.13	广西	17
湖南	28.26	17.50	21.80	河北	18
广东	40.64	33.36	36.27	河南	19
广西	37.45	14.41	23.62	内蒙古	20
海南	36.88	14.21	17.91	江西	21
重庆	42.36	24.90	31.88	湖南	22
四川	23.91	12.52	17.08	甘肃	23
贵州	27.01	12.80	18.49	山西	24
云南	33.54	11.83	20.51	云南	25
西藏	28.35	12.45	18.81	新疆	26
陕西	37.15	20.52	27.17	青海	27
甘肃	32.90	13.81	21.45	西藏	28
青海	30.10	13.22	19.97	贵州	29
宁夏	41.27	17.31	26.89	四川	30
新疆	24.71	17.21	20.21	海南	—

(1) 2007—2017 年 MHSC 指数分值

全国31个省（区、市）气象部门平均27.45，高于平均值的有12个，分别是上海、北京、天津、浙江、广东、江苏、重庆、福建、辽宁、山东、湖北、吉林，低于平均值的有19个。可将每个省（区、市）的 MHSC 指数与全国平均竞争力指数进行比较，其差额为正值的省（区、市）（图5.2蓝色线柱），说明 MHSC 水平高于全国平均竞争力水平，差额为负值的省（区、市）（图5.2红色线柱），说明 MHSC 水平低于全国平均水平。

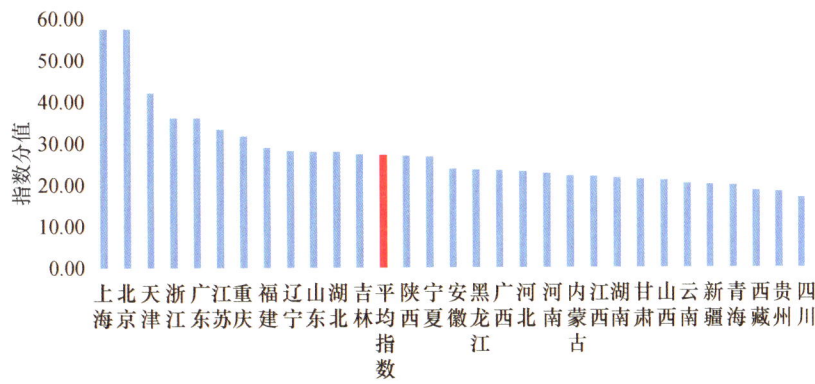

图 5.1 人才资源可持续竞争力指数柱形示意图（2007—2017 年平均）

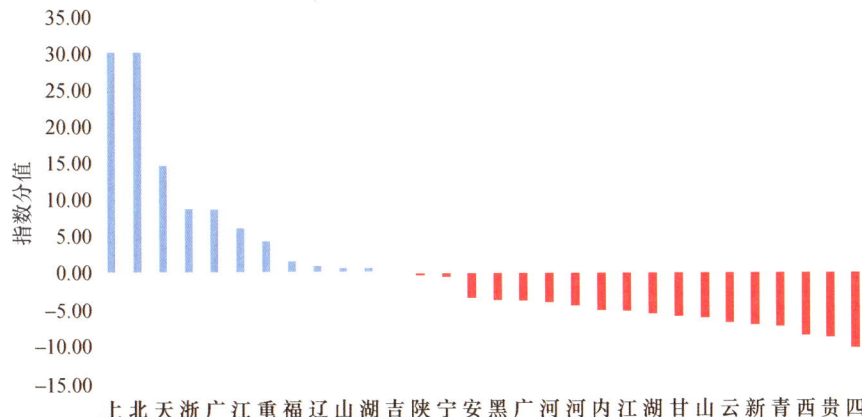

图 5.2 人才资源可持续竞争力水平比较（2007—2017 年平均）

（2）MHSC 指数分值

2007—2017 年全国 31 个省（区、市）气象人才资源可持续竞争力排名前 10 位的是：上海、北京、天津、浙江、广东、江苏、重庆、福建、辽宁、山东，除重庆外，均为东部地区；排名后 10 位[①]的是：江西、湖南、甘肃、山西、云南、新疆、青海、西藏、贵州、四川，其中西部地区 7 个，中部地区 3 个。

（3）人才资源可持续竞争力指数分值

指数分值超过 30.00 的有 7 个省（市），分别为上海、北京、天津、浙江、广

---

① 海南省气象部门因体制改革原因，本章中不纳入全国平均值计算与排序分析。

东、江苏、重庆,其中最高的上海、北京分别达到57.78、57.75;指数分值低于20.00的有4个省(区),分别为青海、西藏、贵州、四川,均为西部地区,其中最低的贵州、四川分别为18.49、17.08。

(4) MHSC水平比较

将MHSC水平分为4个档次:50≤MHSC≤100,则表明MHSC的水平很高;30≤MHSC<50,则表明MHSC的水平较高;20≤MHSC<30,则表明MHSC的水平一般;0≤MHSC<20,则表明MHSC的水平较低。相比较而言,上海、北京MHSC水平最高;天津、浙江、广东、江苏、重庆MHSC水平较高;福建、辽宁、山东、湖北、吉林、陕西、宁夏、安徽、黑龙江、广西、河北、河南、内蒙古、江西、湖南、甘肃、山西、云南、新疆MHSC水平一般;青海、西藏、贵州、四川MHSC水平较低,其人才资源竞争力水平远低于北京、上海。

各地区气象人才资源可持续竞争力指数见表5.2、图5.3~5.33。

表5.2 各省(区、市)气象人才资源可持续竞争力指数(2007—2017年)

地区和单位	指标要素	2007年	2008年	2009年	2010年	2011年	2012年	2013年	2014年	2015年	2016年	2017年
北京	现实性竞争力	56.66	57.85	58.89	62.51	65.10	65.59	64.66	65.49	65.46	65.83	68.83
	持续性竞争力	51.89	52.75	53.24	66.88	50.95	60.10	43.31	44.85	56.13	56.47	57.55
	人才资源可持续竞争力指数	53.80	54.79	55.50	65.13	56.61	62.30	51.85	53.11	59.86	60.21	62.06
天津	现实性竞争力	39.72	38.18	38.18	40.57	45.82	46.55	48.39	54.28	53.85	53.65	53.92
	持续性竞争力	36.03	34.84	36.45	35.67	59.12	51.91	35.38	38.91	32.85	40.48	32.00
	人才资源可持续竞争力指数	37.51	36.17	37.14	37.63	53.80	49.76	40.59	45.06	41.25	45.75	40.77
河北	现实性竞争力	28.17	28.26	31.23	28.26	34.15	34.56	34.08	35.93	36.06	34.82	34.97
	持续性竞争力	24.71	15.77	13.13	14.22	16.16	17.17	20.89	15.57	16.81	16.34	19.07
	人才资源可持续竞争力指数	26.09	20.77	20.37	19.84	23.35	24.13	26.17	23.71	24.51	23.73	25.43
山西	现实性竞争力	27.20	31.09	32.06	29.39	29.91	31.12	30.60	31.64	32.27	30.32	33.44
	持续性竞争力	15.64	14.89	17.10	16.67	18.60	17.45	11.96	11.53	12.14	14.86	11.75
	人才资源可持续竞争力指数	20.27	21.37	23.08	21.76	23.13	22.92	19.42	19.58	20.19	21.05	20.43
内蒙古	现实性竞争力	27.68	31.95	35.53	32.11	31.73	29.87	30.71	30.99	31.94	31.24	31.92
	持续性竞争力	13.50	19.51	14.10	15.15	17.69	17.76	16.23	16.21	17.39	16.13	13.84
	人才资源可持续竞争力指数	19.17	24.49	22.67	21.94	23.31	22.61	22.02	22.12	23.21	22.17	21.07

续表

地区和单位	指标要素	2007年	2008年	2009年	2010年	2011年	2012年	2013年	2014年	2015年	2016年	2017年
辽宁	现实性竞争力	33.41	37.73	38.73	36.62	40.42	40.76	40.34	41.78	43.31	40.70	40.44
	持续性竞争力	16.13	21.48	21.36	22.84	25.15	24.17	25.60	22.23	23.24	15.87	13.97
	人才资源可持续竞争力指数	23.04	27.98	28.31	28.35	31.26	30.80	31.50	30.05	31.27	25.80	24.56
吉林	现实性竞争力	41.84	41.01	39.46	35.62	38.46	37.19	37.20	38.81	38.38	37.13	38.54
	持续性竞争力	21.37	15.64	19.36	19.15	18.44	27.64	19.68	22.86	19.32	16.98	21.73
	人才资源可持续竞争力指数	29.56	25.79	27.40	25.74	26.45	31.46	26.69	29.24	26.95	25.04	28.45
黑龙江	现实性竞争力	38.09	39.67	38.51	33.06	35.54	36.72	35.99	37.52	38.26	37.70	36.41
	持续性竞争力	14.05	16.61	19.80	15.24	13.70	15.27	10.56	18.03	15.10	13.98	10.88
	人才资源可持续竞争力指数	23.66	25.83	27.28	22.37	22.44	23.85	20.73	25.83	24.36	23.47	21.09
上海	现实性竞争力	76.44	76.50	72.78	70.94	72.35	70.99	65.41	68.87	67.52	65.38	60.72
	持续性竞争力	52.06	46.76	50.07	54.36	52.48	50.49	47.95	51.43	53.11	45.41	43.25
	人才资源可持续竞争力指数	61.81	58.66	59.15	60.99	60.43	58.69	54.93	58.40	58.87	53.40	50.24
江苏	现实性竞争力	43.68	43.72	41.23	38.04	42.32	41.88	42.06	43.61	43.85	42.44	44.09
	持续性竞争力	37.73	26.29	21.23	28.62	27.18	26.49	23.95	28.94	26.91	30.85	26.78
	人才资源可持续竞争力指数	40.11	33.26	29.23	32.39	33.24	32.64	31.19	34.81	33.69	35.48	33.70
浙江	现实性竞争力	46.10	44.83	42.24	39.97	42.17	42.48	40.12	42.47	40.01	44.20	43.99
	持续性竞争力	28.44	29.20	28.98	43.45	32.47	34.64	31.52	29.95	31.90	34.22	28.80
	人才资源可持续竞争力指数	35.50	35.45	34.28	42.06	36.35	37.77	34.96	34.96	35.14	38.21	34.88
安徽	现实性竞争力	35.73	38.03	36.90	32.35	35.87	35.30	33.76	35.52	35.45	35.70	38.14
	持续性竞争力	19.86	10.15	11.17	15.29	16.87	21.87	13.77	16.94	16.46	19.67	16.93
	人才资源可持续竞争力指数	26.21	21.30	21.46	22.11	24.47	27.24	21.76	24.37	24.05	26.08	25.41
福建	现实性竞争力	31.70	35.98	35.24	31.41	36.47	35.27	34.41	36.18	35.54	35.05	35.25
	持续性竞争力	21.75	31.23	27.83	27.04	25.72	26.87	26.33	21.95	22.72	23.53	23.50
	人才资源可持续竞争力指数	25.73	33.13	30.80	28.79	30.02	30.23	29.56	27.65	27.85	28.14	28.20

续表

地区和单位	指标要素	2007年	2008年	2009年	2010年	2011年	2012年	2013年	2014年	2015年	2016年	2017年
江西	现实性竞争力	26.16	28.60	30.77	28.80	30.87	31.62	31.19	32.91	35.22	35.93	35.01
	持续性竞争力	21.08	12.73	14.07	17.26	16.73	23.53	11.12	15.00	14.22	11.34	17.48
	人才资源可持续竞争力指数	23.11	19.08	20.75	21.88	22.39	26.77	19.15	22.17	22.62	21.18	24.49
山东	现实性竞争力	37.73	38.21	37.68	34.15	37.75	36.59	35.43	37.34	36.72	36.01	37.89
	持续性竞争力	33.87	23.15	22.78	25.03	24.54	20.67	21.33	20.78	20.23	17.82	15.43
	人才资源可持续竞争力指数	35.41	29.17	28.74	28.68	29.83	27.03	26.97	27.40	26.82	25.10	24.41
河南	现实性竞争力	36.22	36.72	34.99	31.33	32.18	33.70	32.80	33.09	32.76	31.26	33.35
	持续性竞争力	14.77	14.01	13.01	19.52	18.34	26.63	16.06	11.99	14.53	12.81	13.02
	人才资源可持续竞争力指数	23.35	23.10	21.80	24.25	23.87	29.46	22.76	20.43	21.82	20.19	21.15
湖北	现实性竞争力	44.46	41.76	39.35	35.77	35.06	34.73	35.34	37.69	38.48	36.01	38.66
	持续性竞争力	19.08	19.69	19.53	21.59	19.89	27.50	24.21	26.47	20.74	17.54	21.25
	人才资源可持续竞争力指数	29.23	28.52	27.46	27.26	25.96	30.40	28.66	30.96	27.83	24.93	28.21
湖南	现实性竞争力	25.07	28.75	28.83	27.97	25.76	23.79	24.11	28.25	29.84	31.85	36.68
	持续性竞争力	14.73	17.18	14.04	28.61	17.99	20.62	17.53	15.06	16.51	15.14	15.06
	人才资源可持续竞争力指数	18.87	21.81	19.95	28.36	21.10	21.89	20.16	20.34	21.84	21.83	23.71
广东	现实性竞争力	39.79	39.95	39.23	36.44	42.08	42.32	41.05	43.74	42.82	39.80	39.80
	持续性竞争力	31.57	37.42	35.56	40.54	32.01	38.37	33.16	31.29	30.46	27.89	28.67
	人才资源可持续竞争力指数	34.86	38.43	37.03	38.90	36.04	39.95	36.31	36.27	35.40	32.66	33.12
广西	现实性竞争力	38.20	37.57	37.41	34.49	36.70	38.08	37.42	38.80	37.20	36.84	39.23
	持续性竞争力	23.73	12.56	17.66	15.03	12.40	17.02	10.68	9.44	11.62	14.10	14.22
	人才资源可持续竞争力指数	29.52	22.57	25.56	22.81	22.12	25.44	21.37	21.18	21.85	23.20	24.23
海南	现实性竞争力	—	—	—	—	33.76	36.10	35.27	37.48	38.67	38.11	38.79
	持续性竞争力	—	—	—	—	22.59	19.81	21.06	18.95	21.70	20.77	13.23
	人才资源可持续竞争力指数	—	—	—	—	27.06	26.33	26.74	26.36	28.49	27.70	23.45

续表

地区和单位	指标要素	2007年	2008年	2009年	2010年	2011年	2012年	2013年	2014年	2015年	2016年	2017年
重庆	现实性竞争力	38.62	41.78	42.46	41.45	41.72	41.98	41.16	44.48	44.31	44.83	43.19
	持续性竞争力	20.92	40.12	39.16	19.78	26.91	34.88	17.58	20.34	17.55	18.50	18.11
	人才资源可持续竞争力指数	28.00	40.79	40.48	28.45	32.83	37.72	27.01	29.99	28.25	29.03	28.14
四川	现实性竞争力	24.69	22.91	22.95	20.57	23.77	23.20	23.07	24.94	24.71	25.21	27.00
	持续性竞争力	13.38	12.43	12.02	13.46	11.44	13.94	12.82	11.35	14.05	10.13	12.75
	人才资源可持续竞争力指数	17.90	16.63	16.39	16.30	16.37	17.65	16.92	16.79	18.31	16.16	18.45
贵州	现实性竞争力	26.00	29.09	27.66	25.54	27.69	26.23	25.29	26.40	26.49	27.36	29.38
	持续性竞争力	7.40	8.67	10.21	18.45	15.86	16.73	13.30	11.10	12.81	13.25	13.08
	人才资源可持续竞争力指数	14.84	16.84	17.19	21.28	20.59	20.53	18.10	17.22	18.28	18.89	19.60
云南	现实性竞争力	36.53	36.38	35.89	31.70	33.58	33.62	31.97	32.77	32.76	31.98	31.74
	持续性竞争力	11.15	14.89	13.01	14.70	13.99	15.40	10.66	8.30	9.62	9.51	8.92
	人才资源可持续竞争力指数	21.30	23.48	22.16	21.50	21.83	22.69	19.18	18.09	18.87	18.49	18.05
西藏	现实性竞争力	32.59	31.57	28.60	26.38	26.98	25.87	22.70	28.31	28.63	30.02	30.20
	持续性竞争力	9.79	10.88	7.63	11.44	11.37	16.49	12.27	23.22	9.54	10.57	13.74
	人才资源可持续竞争力指数	18.91	19.15	16.02	17.42	17.61	20.25	16.44	25.25	17.18	18.35	20.32
陕西	现实性竞争力	39.88	40.30	39.54	36.59	35.94	34.70	34.35	35.86	37.77	37.16	36.51
	持续性竞争力	22.08	23.23	22.04	19.83	21.36	31.92	16.73	17.09	19.79	16.88	14.73
	人才资源可持续竞争力指数	29.20	30.06	29.04	26.53	27.19	33.03	23.78	24.60	26.98	25.00	23.44
甘肃	现实性竞争力	31.07	32.23	32.32	29.36	32.80	27.20	31.63	34.10	34.86	36.61	39.75
	持续性竞争力	14.09	8.63	13.65	21.23	15.21	15.54	9.43	15.70	13.06	10.88	14.47
	人才资源可持续竞争力指数	20.88	18.07	21.12	24.48	22.25	20.21	18.31	23.06	21.78	21.17	24.58
青海	现实性竞争力	31.82	33.22	32.17	27.89	27.34	25.61	25.67	30.26	31.76	33.00	32.38
	持续性竞争力	6.68	10.13	11.25	17.74	13.87	15.44	13.68	10.68	17.10	16.19	12.65
	人才资源可持续竞争力指数	16.74	19.36	19.62	21.80	19.26	19.51	18.48	18.51	22.96	22.91	20.54

续表

地区和单位	指标要素	2007年	2008年	2009年	2010年	2011年	2012年	2013年	2014年	2015年	2016年	2017年
宁夏	现实性竞争力	34.80	39.10	39.78	39.11	41.98	41.80	43.05	42.98	44.10	42.94	44.28
	持续性竞争力	21.43	16.57	15.52	17.32	18.88	25.88	10.14	13.64	13.92	21.98	15.10
	人才资源可持续竞争力指数	26.78	25.58	25.23	26.04	28.12	32.25	23.30	25.38	25.99	30.37	26.77
新疆	现实性竞争力	24.34	23.54	21.50	20.50	23.51	23.15	23.98	26.49	28.32	28.25	28.18
	持续性竞争力	11.27	13.79	12.56	14.85	20.96	16.85	14.63	17.77	16.83	15.85	33.96
	人才资源可持续竞争力指数	16.50	17.69	16.14	17.11	21.98	19.37	18.37	21.26	21.42	20.81	31.65

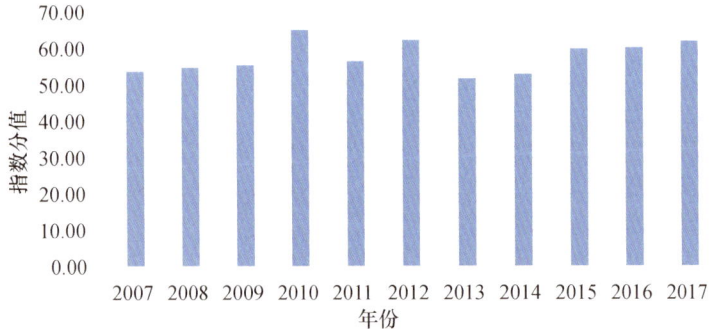

图 5.3　北京气象人才资源可持续竞争力指数（2007—2017 年）

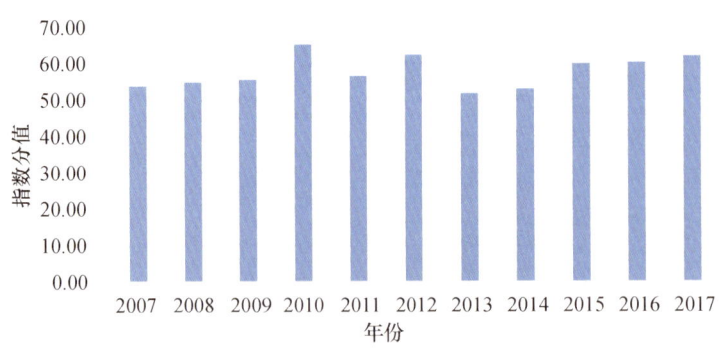

图 5.4　天津气象人才资源可持续竞争力指数（2007—2017 年）

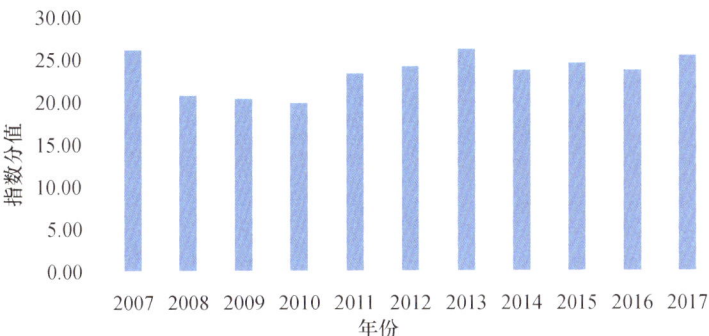

图 5.5　河北气象人才资源可持续竞争力指数（2007—2017 年）

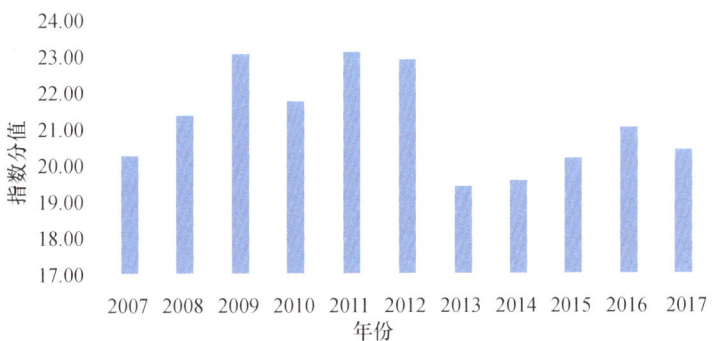

图 5.6　山西气象人才资源可持续竞争力指数（2007—2017 年）

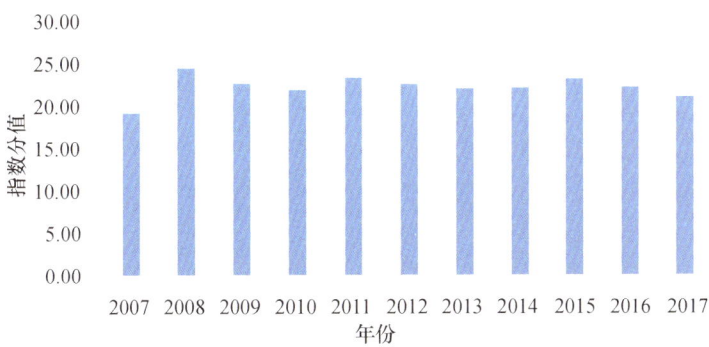

图 5.7　内蒙古气象人才资源可持续竞争力指数（2007—2017 年）

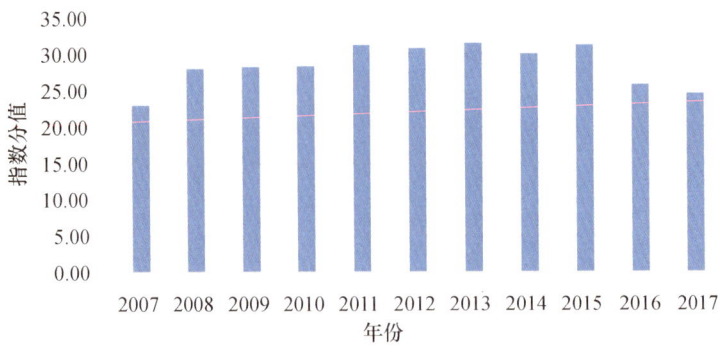

图 5.8　辽宁气象人才资源可持续竞争力指数（2007—2017 年）

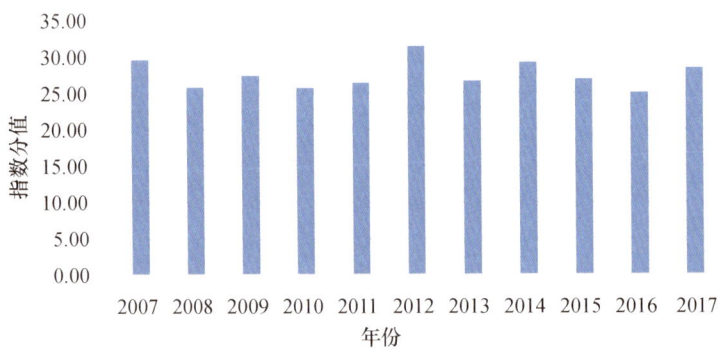

图 5.9　吉林气象人才资源可持续竞争力指数（2007—2017 年）

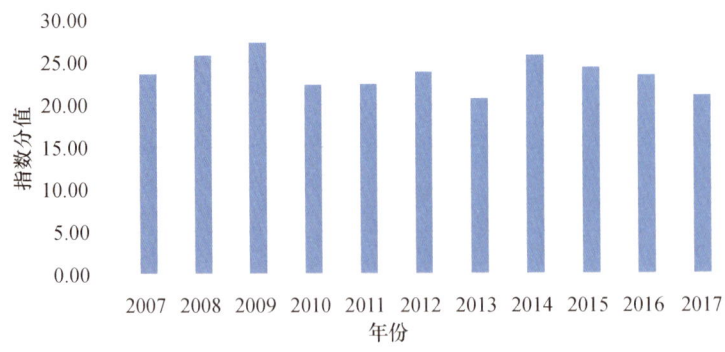

图 5.10　黑龙江气象人才资源可持续竞争力指数（2007—2017 年）

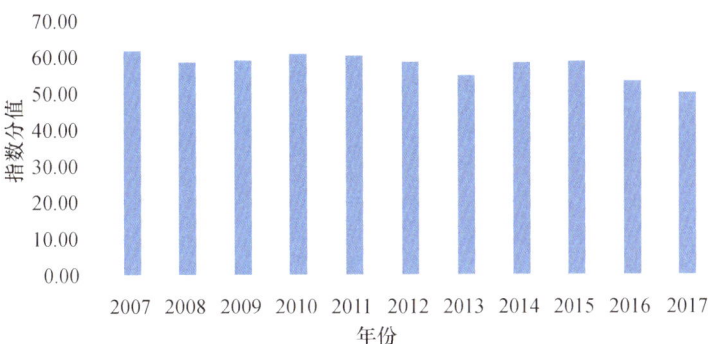

图 5.11　上海气象人才资源可持续竞争力指数（2007—2017 年）

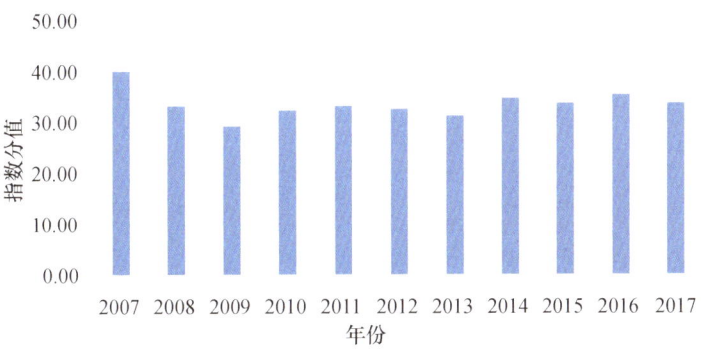

图 5.12　江苏气象人才资源可持续竞争力指数（2007—2017 年）

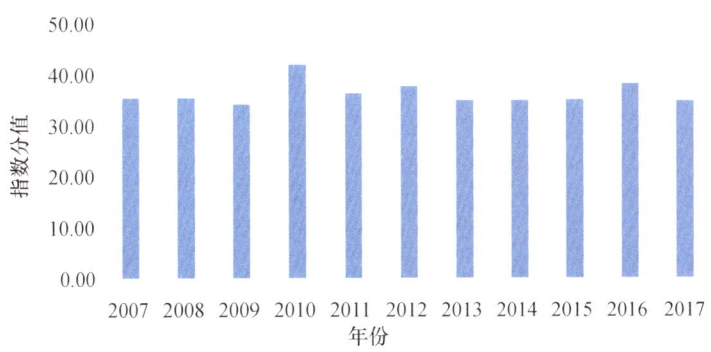

图 5.13　浙江气象人才资源可持续竞争力指数（2007—2017 年）

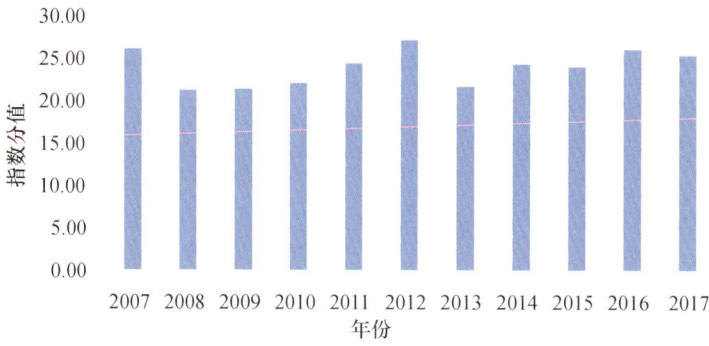

图 5.14 安徽气象人才资源可持续竞争力指数（2007—2017 年）

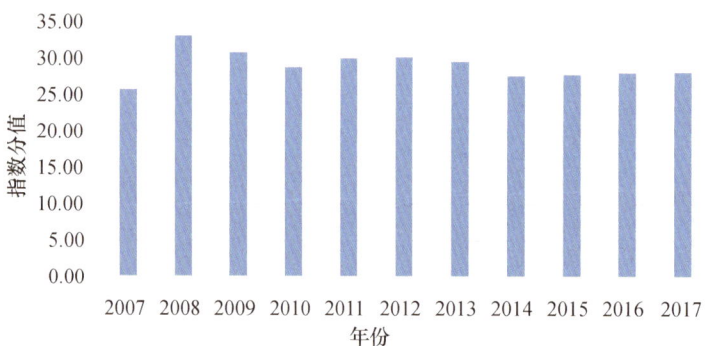

图 5.15 福建气象人才资源可持续竞争力指数（2007—2017 年）

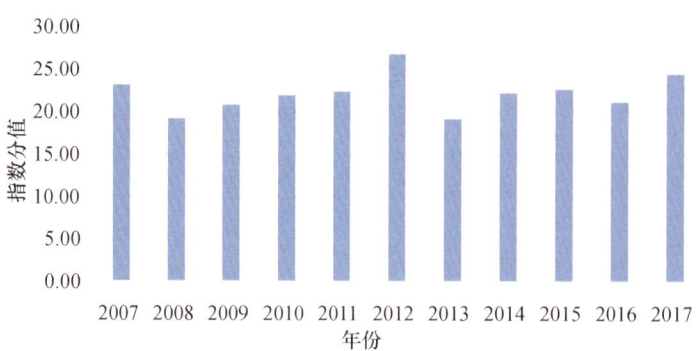

图 5.16 江西气象人才资源可持续竞争力指数（2007—2017 年）

第5章 气象人才资源评估实证与分析

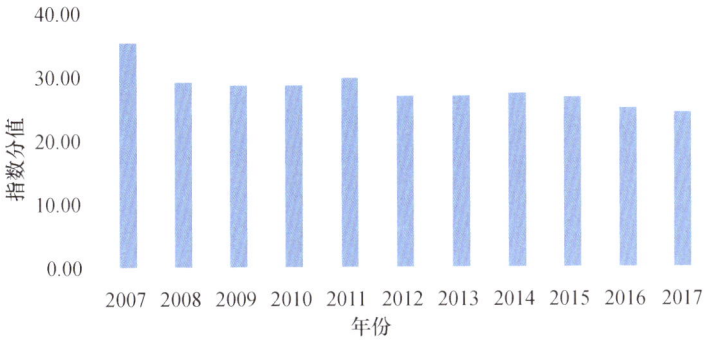

图 5.17 山东气象人才资源可持续竞争力指数（2007—2017 年）

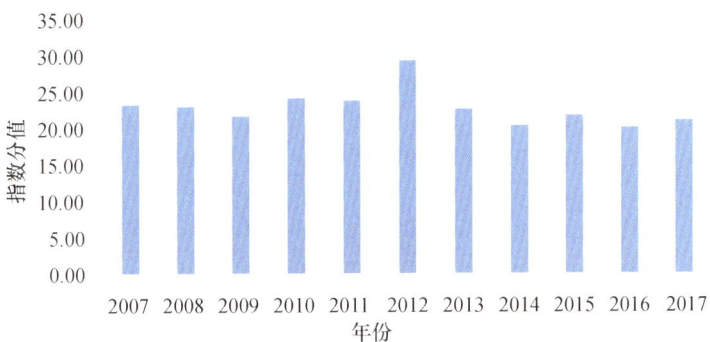

图 5.18 河南气象人才资源可持续竞争力指数（2007—2017 年）

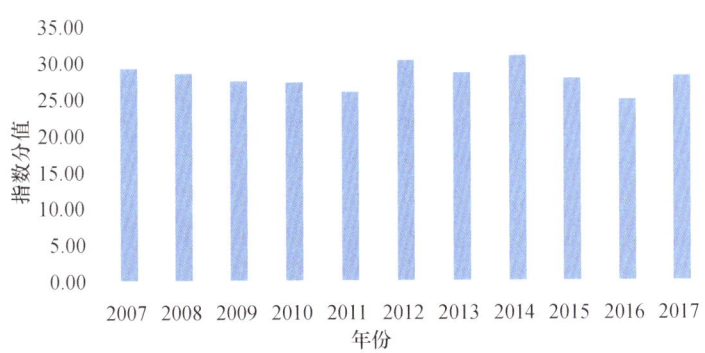

图 5.19 湖北气象人才资源可持续竞争力指数（2007—2017 年）

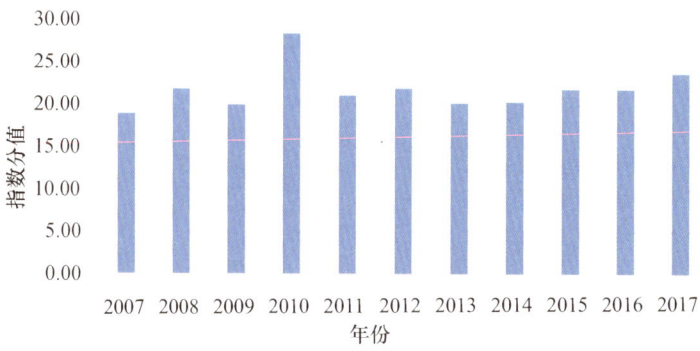

图 5.20　湖南气象人才资源可持续竞争力指数（2007—2017 年）

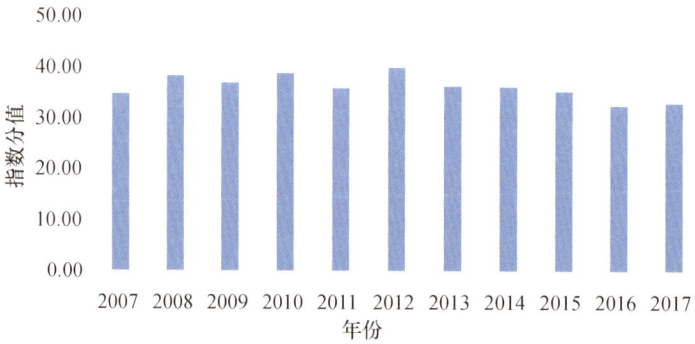

图 5.21　广东气象人才资源可持续竞争力指数（2007—2017 年）

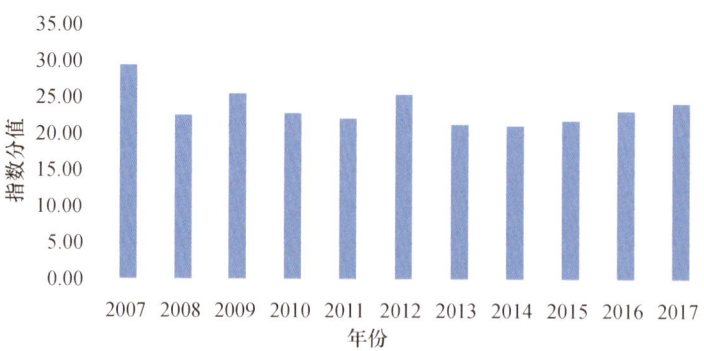

图 5.22　广西气象人才资源可持续竞争力指数（2007—2017 年）

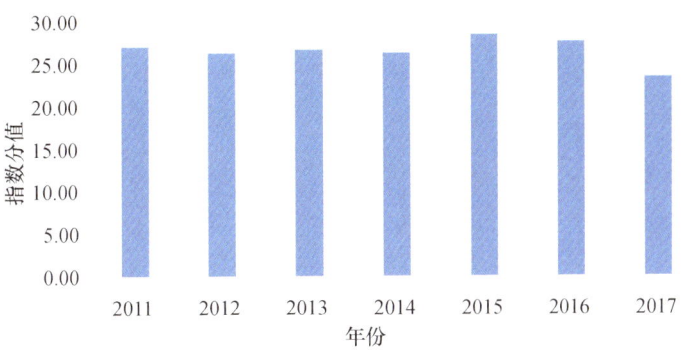

图 5.23　海南气象人才资源可持续竞争力指数（2011—2017 年）

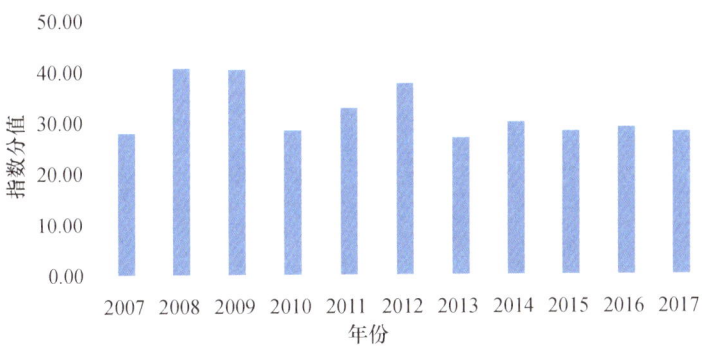

图 5.24　重庆气象人才资源可持续竞争力指数（2007—2017 年）

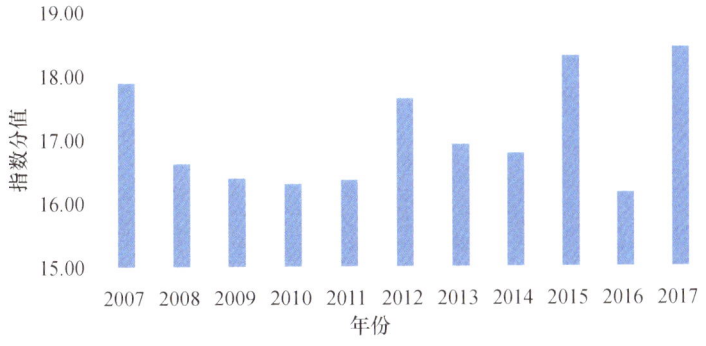

图 5.25　四川气象人才资源可持续竞争力指数（2007—2017 年）

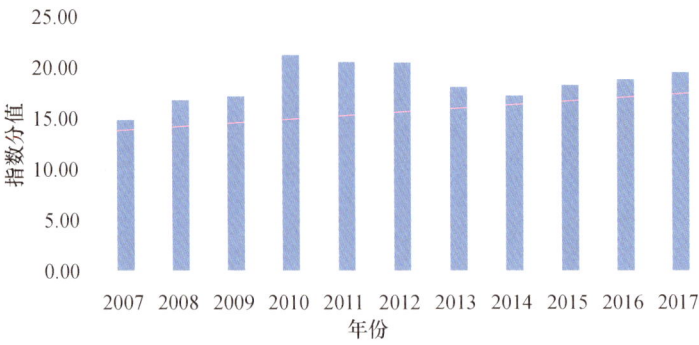

图 5.26 贵州气象人才资源可持续竞争力指数（2007—2017 年）

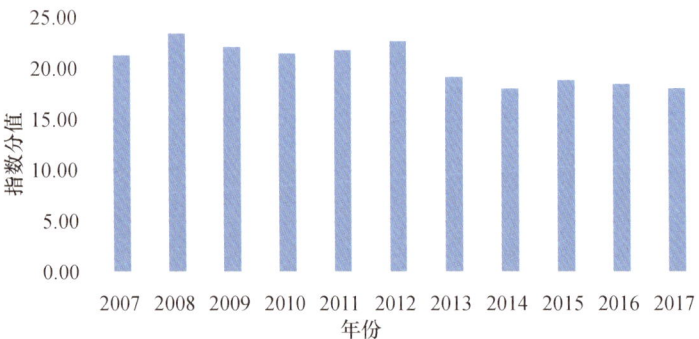

图 5.27 云南气象人才资源可持续竞争力指数（2007—2017 年）

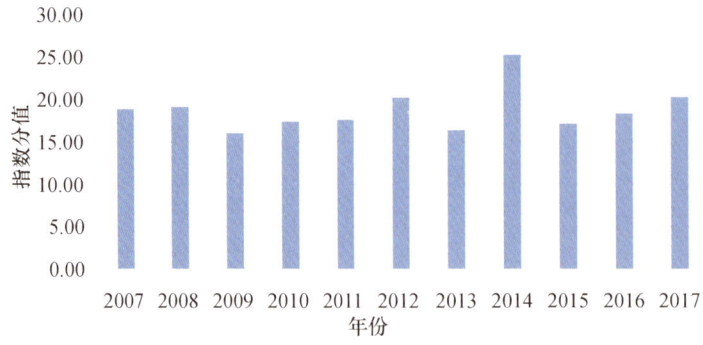

图 5.28 西藏气象人才资源可持续竞争力指数（2007—2017 年）

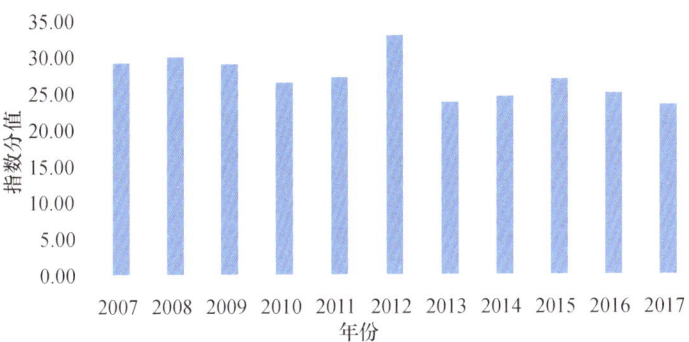

图 5.29　陕西气象人才资源可持续竞争力指数（2007—2017 年）

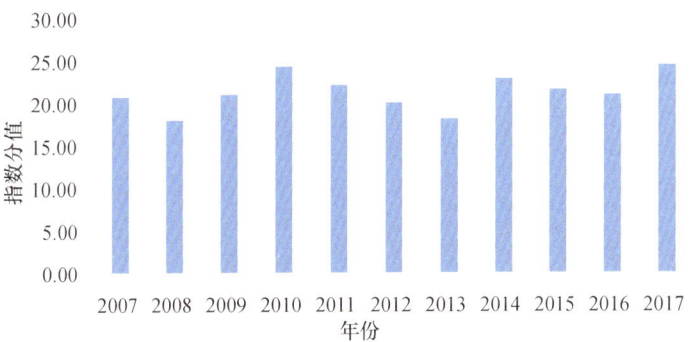

图 5.30　甘肃气象人才资源可持续竞争力指数（2007—2017 年）

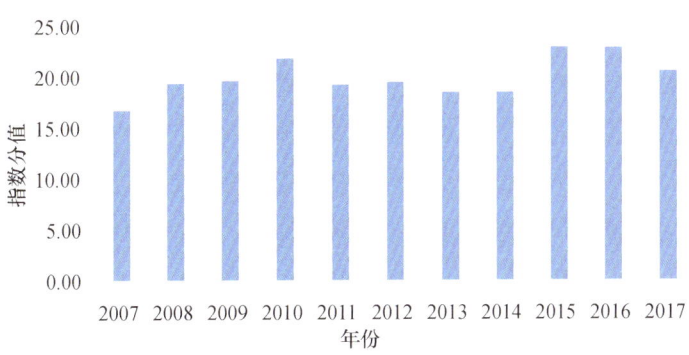

图 5.31　青海气象人才资源可持续竞争力指数（2007—2017 年）

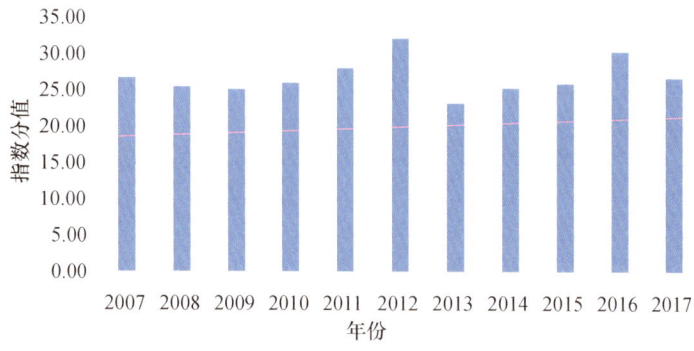

图 5.32　宁夏气象人才资源可持续竞争力指数（2007—2017 年）

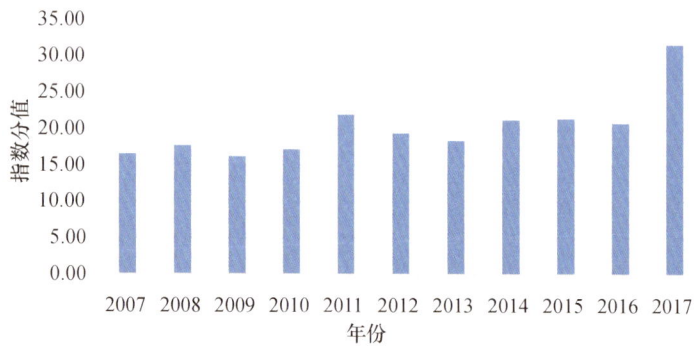

图 5.33　新疆气象人才资源可持续竞争力指数（2007—2017 年）

5.1.2　气象人才资源测评总体水平影响因素分析

MHSC 指数分值排名前 10 位的上海、北京、天津、浙江、广东、江苏、重庆、福建、辽宁、山东均为我国经济发达的东部地区和一线城市地区；排名后 10 位的江西、湖南、甘肃、山西、云南、新疆、青海、西藏、贵州、四川主要为中西部尤其是经济欠发达的西部地区。从影响气象人才资源可持续竞争力指数水平分析，造成 MHSC 指数水平偏低下的原因较多。

（1）高层次人才占比情况

从高层次人才占比情况分析，有的省人才队伍总量大，从而造成高层次人才占比不高，明显影响 MHSC 指数水平。例如，四川省气象部门人才队伍总量居全国首位，但高层次人才数量占比相对较低，对其 MHSC 的总体水平影响较大。

2017年，四川省气象部门正高级专业技术人员占其在职人员总数的0.48%，全国气象部门中正高级专业技术人员占比最高的北京市气象部门为5.66%，两者相差甚远。与四川省气象部门人才队伍总量较为相近的内蒙古自治区气象部门，2017年正高级专业技术人员占比为0.88%，略高于四川省。地方人均GDP最低的甘肃省气象部门，2017年正高级专业技术人员占比为1.57%，也远远高于四川省气象部门。

(2) 气象人才资源发展投入情况

从气象人才资源发展投入情况分析，人才队伍总量大也影响人才资源人均投入占比，造成人均投入水平不高从而影响MHSC指数水平。例如，2017年全国气象部门人均课题经费投入最高的地区为北京市、上海市和重庆市，分别为4.78万元、4.37万元、2.71万元，四川省人均课题经费投入仅0.14万元；人均继续教育与岗位培训经费投入最多的地区为甘肃、宁夏和上海，分别为0.15万元、0.11万元、0.10万元，四川省人均继续教育与岗位培训经费投入为0.01万元，不足最高地区的1/10。与内蒙古自治区相比，内蒙古自治区2017年人均课题经费投入0.58万元，约为四川省的4倍；内蒙古自治区2017年人均继续教育与岗位培训经费投入0.03万元，约为四川的3倍。

(3) 人均承担科研课题情况

从人均承担科研课题情况分析，人才队伍总量大也影响气象人才资源科研课题人均占有量，从而影响MHSC指数水平。例如，2017年四川全省所承担的课题数量为33项，人均承担0.01项，而全国气象部门人均承担课题数量0.04项，其中人均课题承担数量最多的地区为重庆市气象部门，四川省气象部门与其相差近9倍；内蒙古自治区气象部门人均承担课题数比四川省高50%。

(4) 地方经济发展情况

从地方经济发展情况分析，地方人均GDP水平影响MHSC指数水平最为明显。例如，2017年地方人均GDP排名最靠前的10个省（区、市）分别为北京、上海、天津、江苏、浙江、福建、广东、山东、内蒙古和重庆，其中除内蒙古外，有9个省（市）进入MHSC指数水平分值最高地区，相关性高达90%；2017年地方人均GDP排名最靠后的10个省（区）分别是四川、青海、安徽、黑龙江、广西、山西、西藏、贵州、云南、甘肃，其中有7个省（区）进入MHSC指数水平分值最低地区，相关性达70%。这说明地方人均GDP水平是影响地方气象部门MHSC指数水平的主要因素。当然也有例外的情况，如安徽、黑龙江、广西3个省(区)地方人均GDP排名靠后,但MHSC指数水平并不靠后;但有的地方人均GDP在全国排在前20位,其MHSC指数水平却排在后10位。这说明MHSC指数水平还受到其他因素的影响。

5.2 气象人才资源可持续发展测评

5.2.1 气象人才资源可持续发展分地区纵向测评结果

气象人才资源可持续竞争力发展测评从时间的纵向角度,对我国气象人才资源可持续竞争力的年度增长幅度研究比较,评估其发展所取得的显著成就和进步。该项评估以各省(区、市)2007年为时间基点进行标杆分析(海南省气象局以2011年为时间基点),并以此标准衡量所有被评价的时间点,从而分析发展变化情况,给出测评结果。全国各省(区、市)气象人才资源2007—2017年的发展变化情况和测评结果如表5.3、图5.34~5.66所示。

表5.3 各省(区、市)气象人才资源可持续竞争力发展指数(2007—2017年)

地区和单位	2007年	2008年	2009年	2010年	2011年	2012年	2013年	2014年	2015年	2016年	2017年	平均
北京	100	114.45	144.27	180.68	130.89	168.49	140.63	149.78	176.45	213.73	264.72	168.409
天津	100	101.46	125.29	152.56	200.69	168.53	163.85	179.02	191.38	251.19	236.42	177.039
河北	100	77.92	87.75	98.99	106.72	129.35	134.76	160.21	161.35	164.08	190.24	131.137
山西	100	118.74	139.50	155.99	165.97	172.85	153.12	178.81	179.23	198.93	236.50	169.964
内蒙古	100	142.78	157.20	165.28	214.99	214.05	187.56	226.26	255.23	276.79	299.90	214.004
辽宁	100	198.13	243.93	246.63	265.42	272.12	260.43	297.18	319.01	317.08	334.38	275.431
吉林	100	138.13	123.45	154.36	157.01	203.71	166.98	202.19	200.60	214.54	249.68	181.065
黑龙江	100	82.36	127.06	101.64	100.12	121.04	124.20	157.77	160.04	155.96	172.35	130.254
上海	100	102.05	152.35	148.82	140.71	144.96	140.66	156.99	180.79	208.11	210.82	158.626
江苏	100	88.56	87.75	104.30	102.39	125.08	124.75	159.64	171.61	191.28	202.34	135.795
浙江	100	103.42	113.32	141.70	131.21	156.26	131.60	175.02	166.59	219.38	225.62	156.412
安徽	100	80.23	95.07	106.10	103.93	129.55	102.80	148.69	157.40	176.66	184.07	128.450

续表

地区和单位	2007年	2008年	2009年	2010年	2011年	2012年	2013年	2014年	2015年	2016年	2017年	平均
福建	100	165.68	177.37	171.35	166.14	192.70	182.06	205.91	235.82	270.17	279.37	204.657
江西	100	71.18	87.24	100.00	102.13	118.78	101.53	133.66	132.51	150.47	170.02	116.752
山东	100	85.20	100.56	107.34	121.15	131.81	123.73	159.74	150.53	158.37	185.69	132.412
河南	100	111.54	105.97	129.74	157.24	184.78	129.68	143.15	160.81	167.40	211.01	150.132
湖北	100	87.33	89.80	95.56	75.95	116.22	100.76	139.14	126.47	141.09	177.93	115.025
湖南	100	115.42	121.29	163.69	145.78	134.40	135.30	152.90	178.94	191.18	226.63	156.553
广东	100	124.52	176.40	202.89	153.97	205.29	175.20	210.04	209.56	225.54	253.07	193.648
广西	100	82.57	122.47	120.45	105.42	128.40	139.56	182.80	193.19	202.93	233.47	151.126
海南	—	—	—	—	100.00	122.93	132.53	133.57	154.65	166.91	192.58	143.310
重庆	100	160.55	182.69	131.65	151.54	155.08	162.22	188.55	199.23	238.55	244.62	181.468
四川	100	99.90	100.24	103.13	79.16	113.53	99.59	118.29	137.40	136.22	162.57	115.003
贵州	100	157.72	191.97	253.70	265.16	261.58	239.66	273.91	303.44	322.84	367.46	263.744
云南	100	194.44	223.92	216.44	238.54	277.16	213.18	228.29	266.71	293.73	313.67	246.608
西藏	100	155.46	138.75	163.11	199.95	206.21	173.23	247.83	212.59	246.75	292.39	203.627
陕西	100	101.63	101.77	107.46	113.62	142.74	116.50	141.07	139.07	148.46	161.60	127.392
甘肃	100	68.29	100.08	132.35	113.79	112.48	101.94	134.93	144.98	153.12	187.55	124.951
青海	100	162.92	221.58	317.56	270.81	343.91	292.87	343.77	367.94	434.16	465.44	322.096
宁夏	100	82.11	86.55	102.39	112.59	130.84	106.46	124.83	140.31	173.63	176.04	123.575
新疆	100	161.18	225.38	239.21	304.13	319.05	290.08	346.63	362.58	365.24	431.14	304.462
平均	100	117.86	138.37	153.84	154.75	174.32	156.37	187.12	197.95	218.53	243.20	174.231

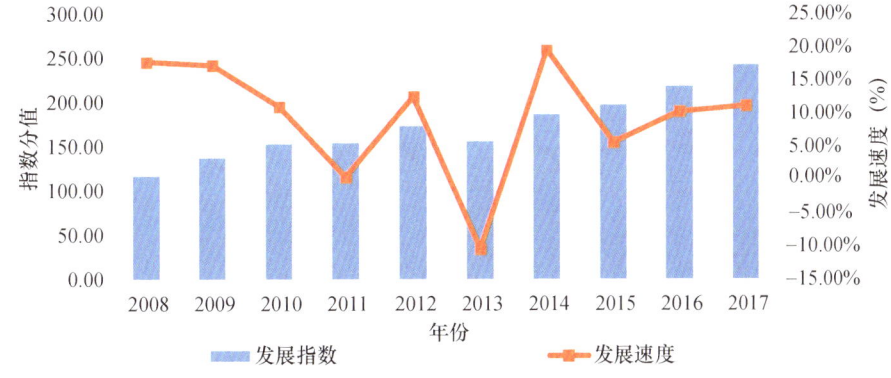

图 5.34 全国气象人才资源可持续竞争力发展态势（2008—2017 年）

图 5.35　北京气象人才资源可持续竞争力发展态势（2008—2017 年）

图 5.36　天津气象人才资源可持续竞争力发展态势（2008—2017 年）

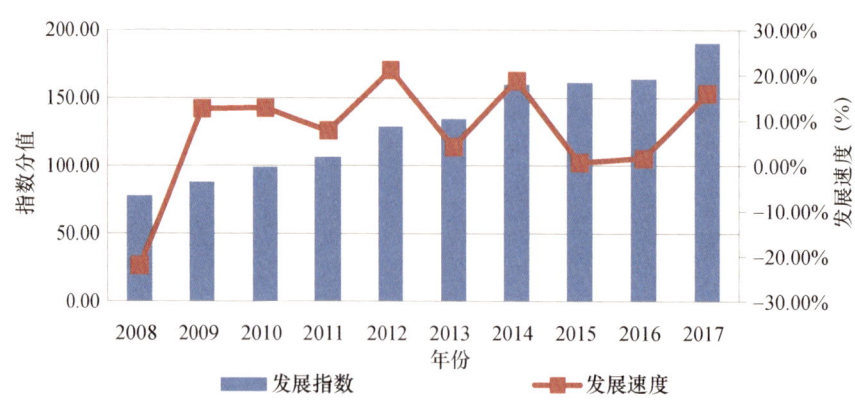

图 5.37　河北气象人才资源可持续竞争力发展态势（2008—2017 年）

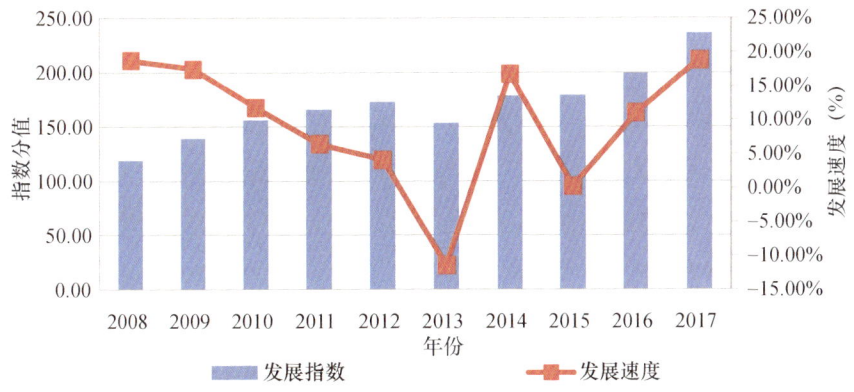

图 5.38　山西气象人才资源可持续竞争力发展态势（2008—2017 年）

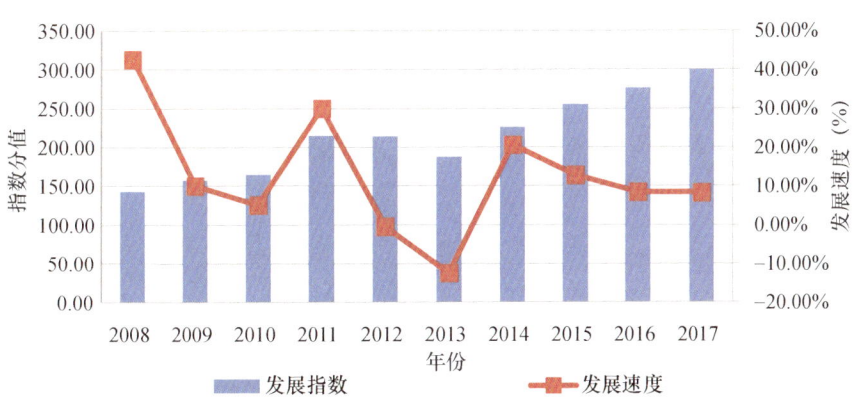

图 5.39　内蒙古气象人才资源可持续竞争力发展态势（2008—2017 年）

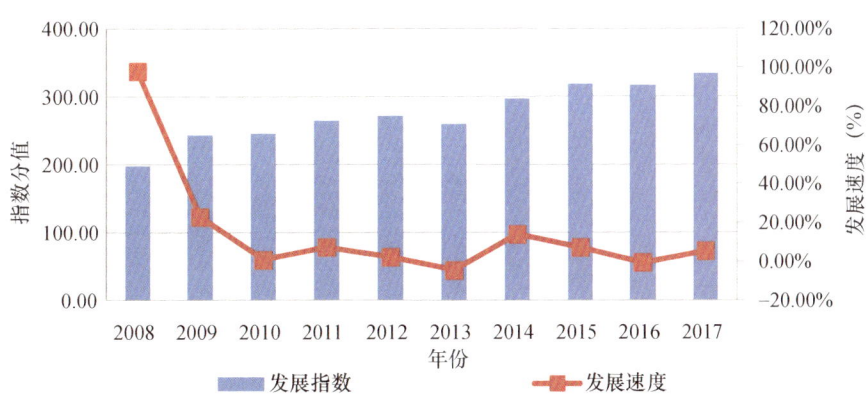

图 5.40　辽宁气象人才资源可持续竞争力发展态势（2008—2017 年）

气象人才资源结构分析与测评

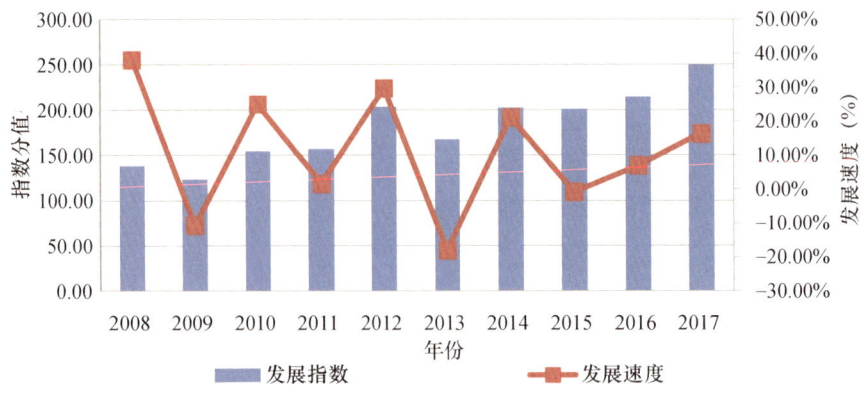

图 5.41 吉林气象人才资源可持续竞争力发展态势（2008—2017 年）

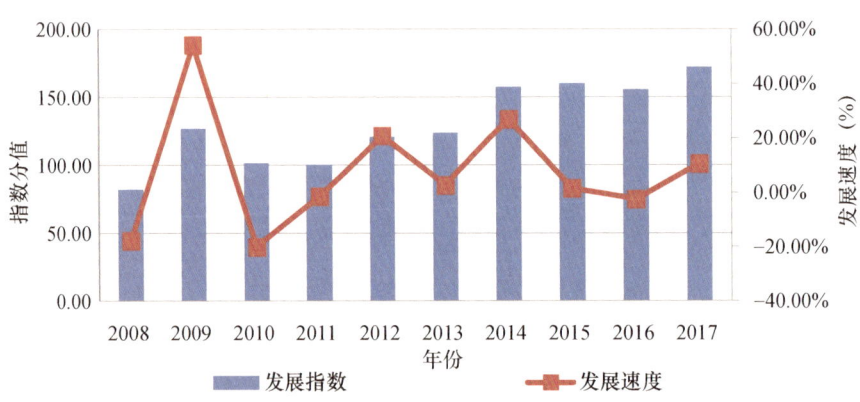

图 5.42 黑龙江气象人才资源可持续竞争力发展态势（2008—2017 年）

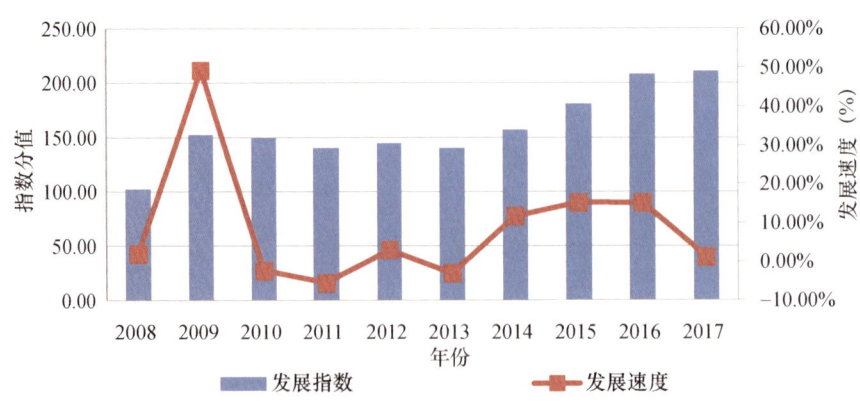

图 5.43 上海气象人才资源可持续竞争力发展态势（2008—2017 年）

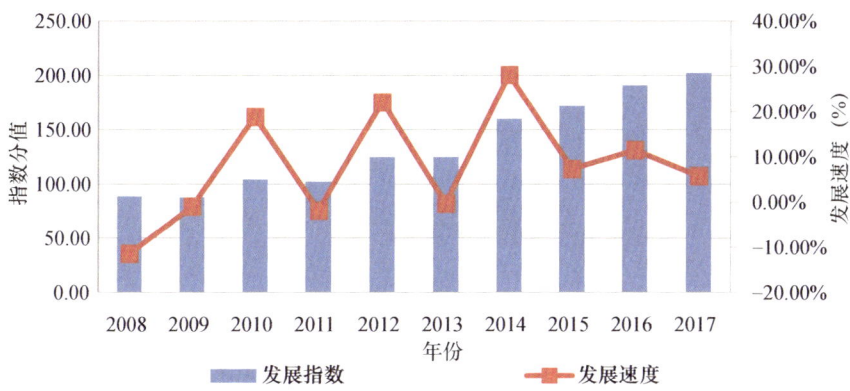

图 5.44　江苏气象人才资源可持续竞争力发展态势（2008—2017 年）

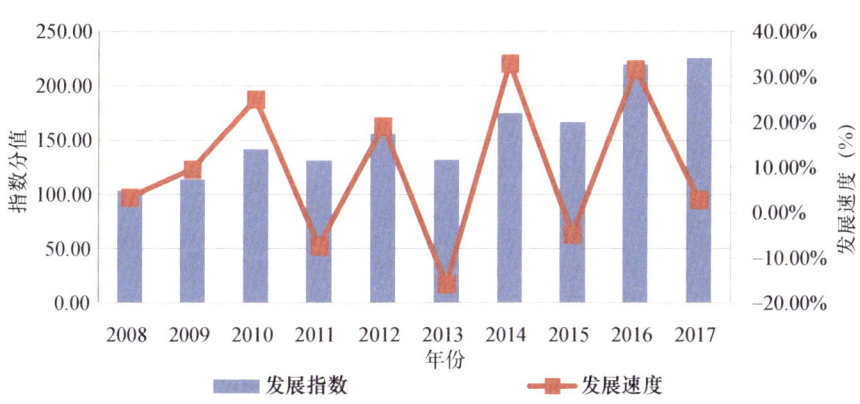

图 5.45　浙江气象人才资源可持续竞争力发展态势（2008—2017 年）

图 5.46　安徽气象人才资源可持续竞争力发展态势（2008—2017 年）

图 5.47　福建气象人才资源可持续竞争力发展态势（2008—2017 年）

图 5.48　江西气象人才资源可持续竞争力发展态势（2008—2017 年）

图 5.49　山东气象人才资源可持续竞争力发展态势（2008—2017 年）

第5章　气象人才资源评估实证与分析

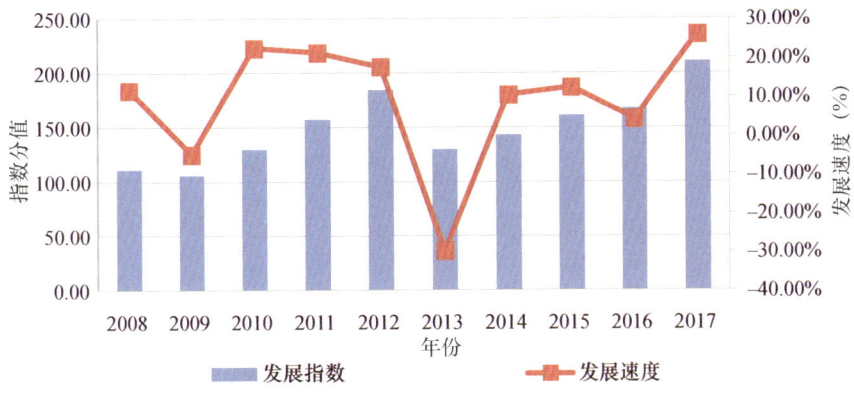

图 5.50　河南气象人才资源可持续竞争力发展态势（2008—2017 年）

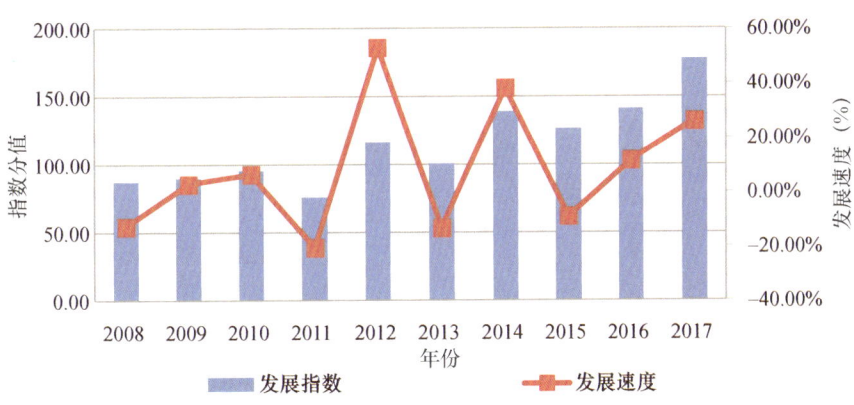

图 5.51　湖北气象人才资源可持续竞争力发展态势（2008—2017 年）

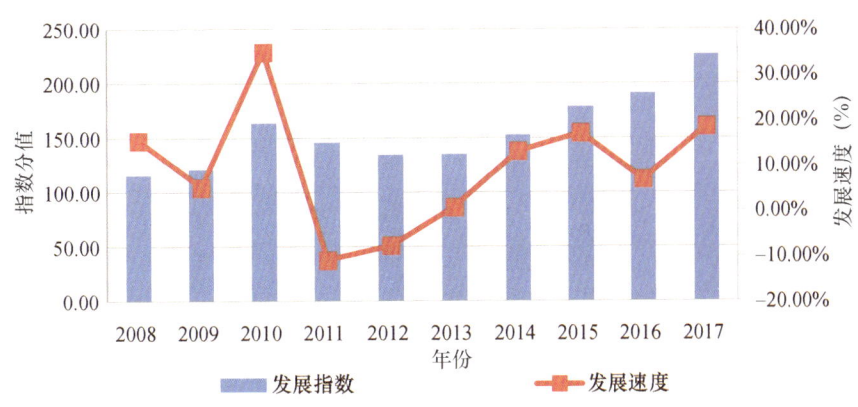

图 5.52　湖南气象人才资源可持续竞争力发展态势（2008—2017 年）

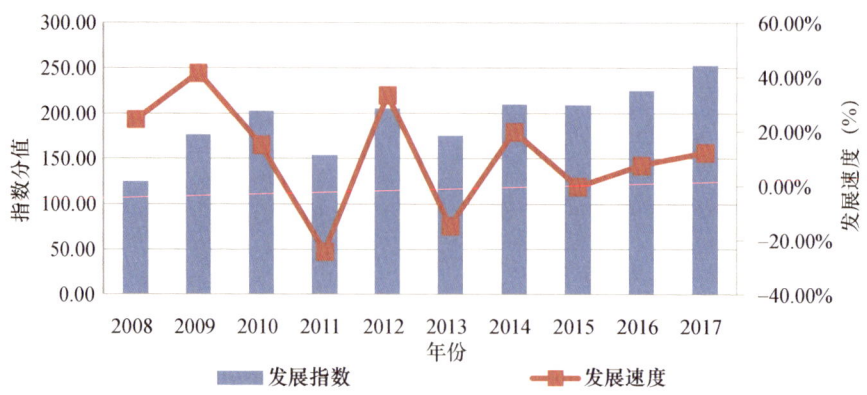

图 5.53　广东气象人才资源可持续竞争力发展态势（2008—2017 年）

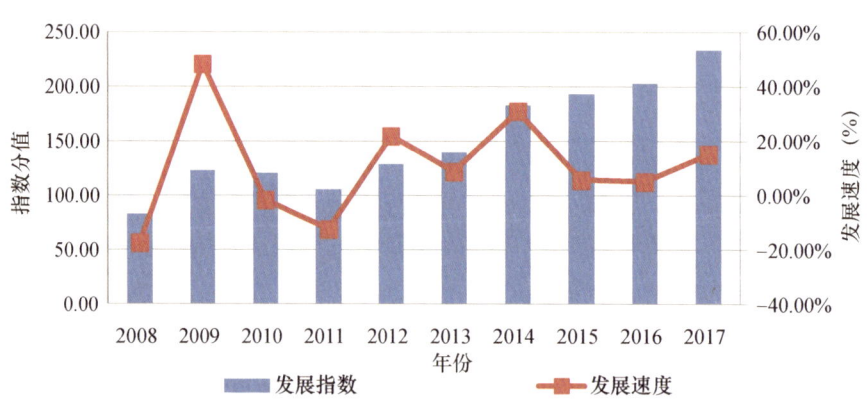

图 5.54　广西气象人才资源可持续竞争力发展态势（2008—2017 年）

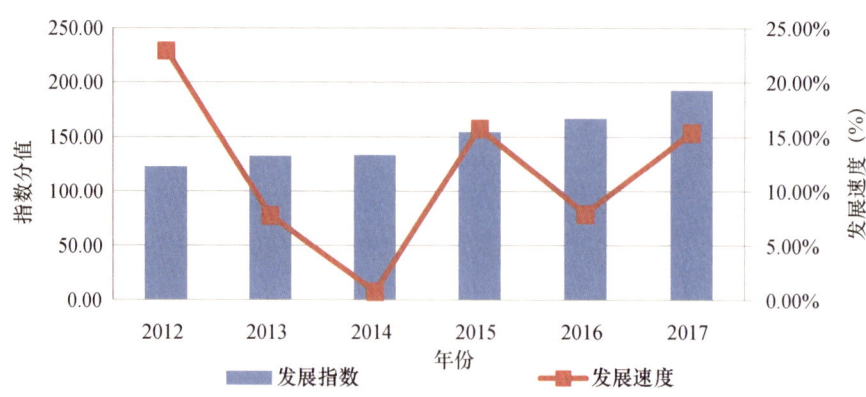

图 5.55　海南气象人才资源可持续竞争力发展态势（2012—2017 年）

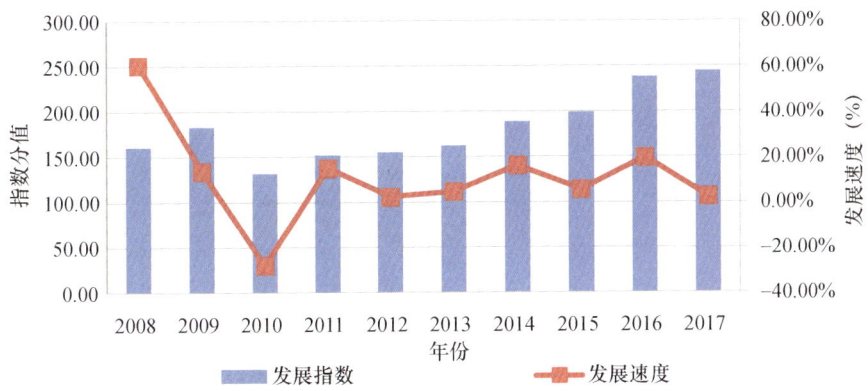

图 5.56　重庆气象人才资源可持续竞争力发展态势（2008—2017 年）

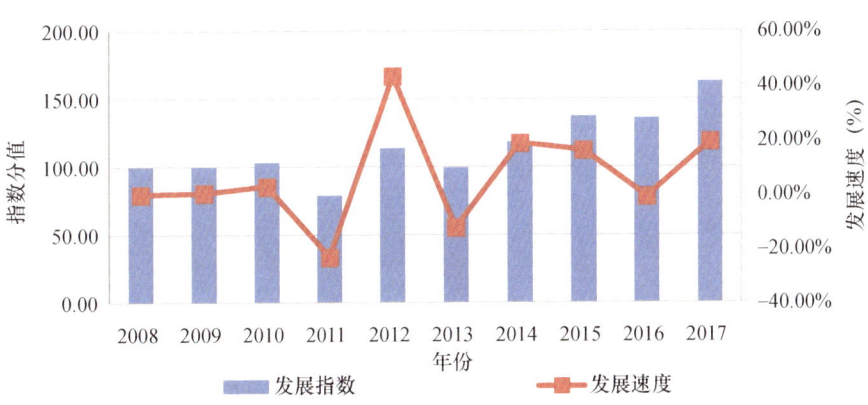

图 5.57　四川气象人才资源可持续竞争力发展态势（2008—2017 年）

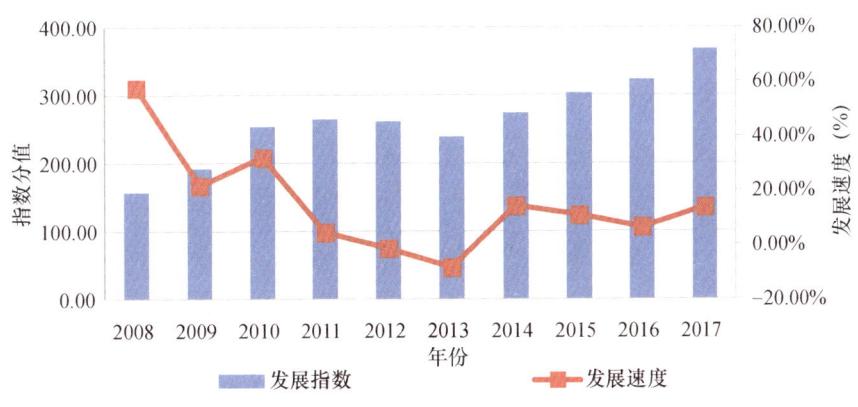

图 5.58　贵州气象人才资源可持续竞争力发展态势（2008—2017 年）

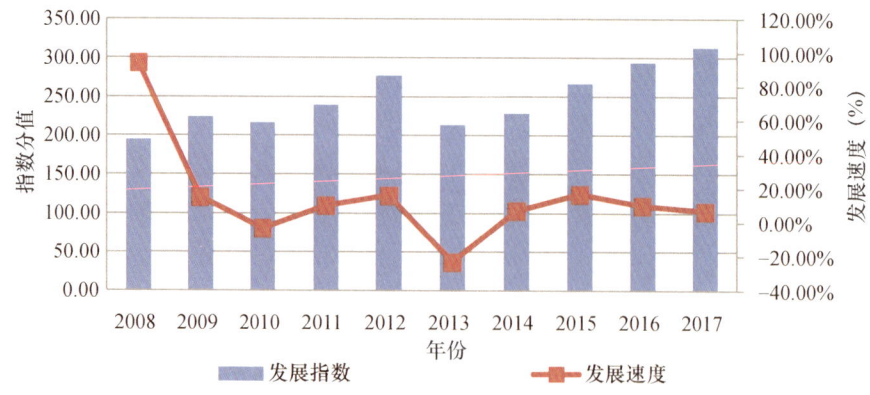

图 5.59　云南气象人才资源可持续竞争力发展态势（2008—2017 年）

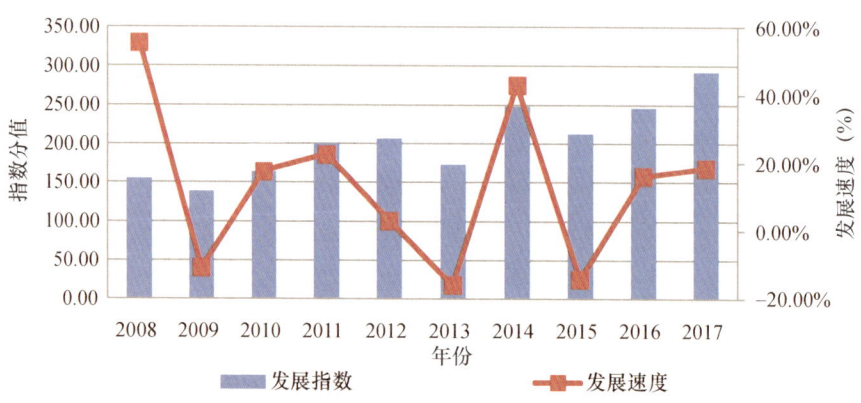

图 5.60　西藏气象人才资源可持续竞争力发展态势（2008—2017 年）

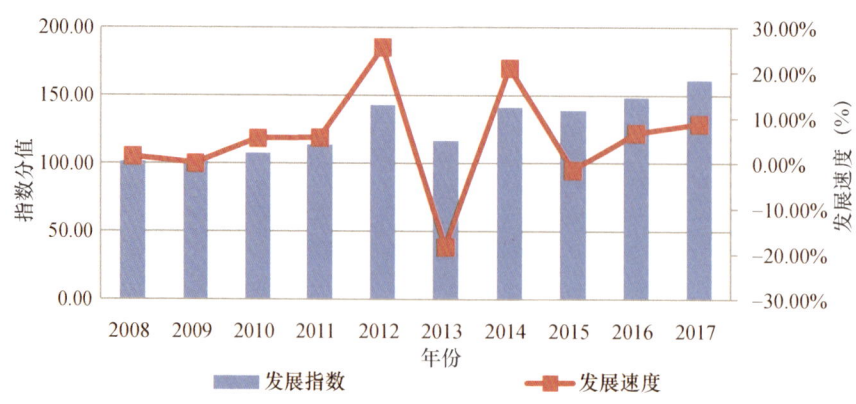

图 5.61　陕西气象人才资源可持续竞争力发展态势（2008—2017 年）

第5章 气象人才资源评估实证与分析

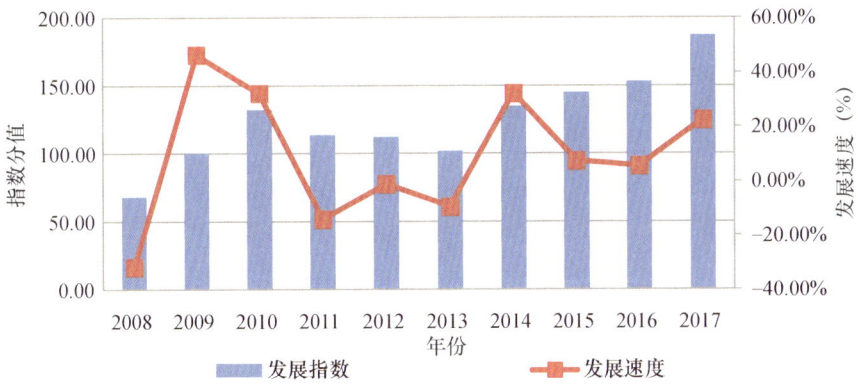

图 5.62 甘肃气象人才资源可持续竞争力发展态势（2008—2017 年）

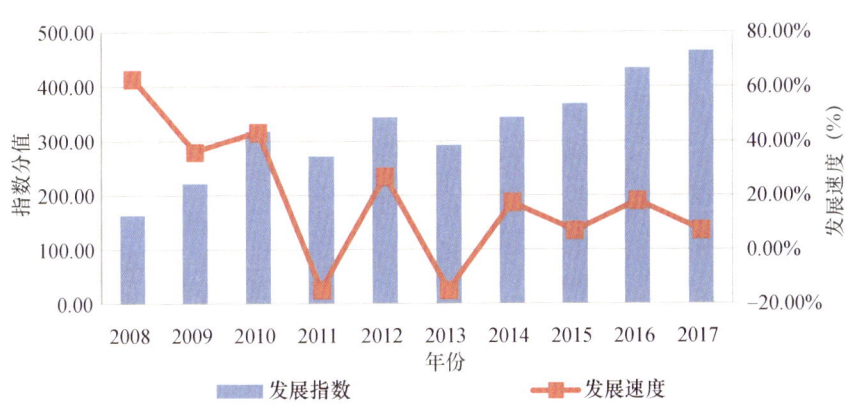

图 5.63 青海气象人才资源可持续竞争力发展态势（2008—2017 年）

图 5.64 宁夏气象人才资源可持续竞争力发展态势（2008—2017 年）

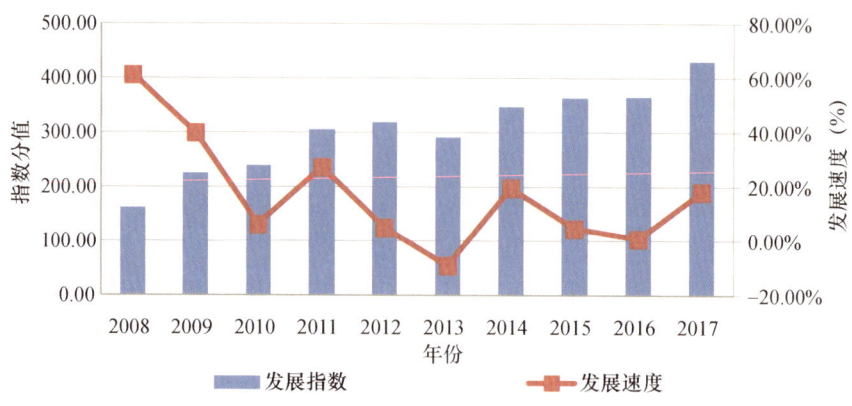

图 5.65 新疆气象人才资源可持续竞争力发展态势（2008—2017 年）

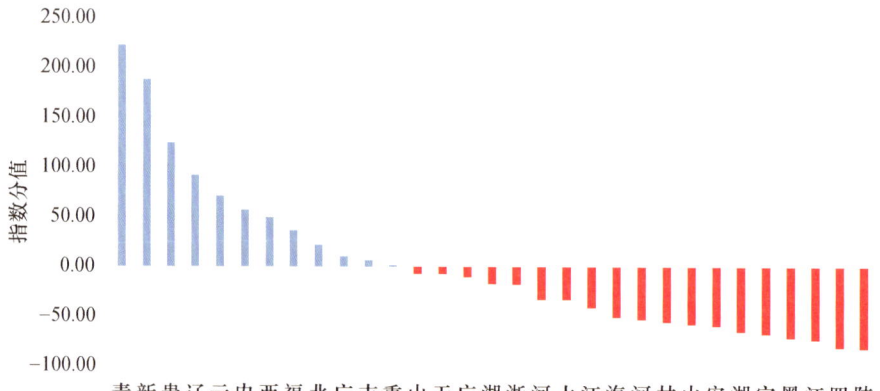

图 5.66 2017 年气象人才资源可持续竞争力发展指数对比

5.2.2 气象人才资源可持续发展水平测评结果分析

根据气象人才资源可持续发展水平测评结果（表 5.3、图 5.34~5.66）可知：2007—2017 年，全国 31 个省（区、市）气象人才资源可持续竞争力发展指数，年均增长率为 74.23%（以 2007 年为 100），增长率最高的 2017 年达到 143.2%，指数分值为 2007 年的 243.2 倍；增长率最低的 2008 年为 17.86%。全国 31 个省（区、市）中，2007—2017 年气象人才资源可持续竞争力发展指数年均增长率超过 100% 的有 8 个，分别是青海、新疆、辽宁、贵州、云南、内蒙古、福建、西藏，其中增长率最高的青海、新疆分别达到222.1%、204.46%。说明这些省（区）的发展竞争力增长快于其他省（区、市），也说明其发展起步时，人才资源竞争力存量一般低于其他省（区、市）。年均增长率低于50%的有11个，分别为江苏、山东、河北、黑龙江、安徽、陕西、甘肃、宁夏、江西、湖北、四川，增长率最低的湖北、四川分别为15.03%、15.00%。说明这些省（区）的气象人才资源发展竞争力增长慢于其他省（区、市），也说明受各种因素影响，其人才资源发展竞争力基础高于或者增长难于其他省（区、市）。

图5.34评估显示，2017年全国气象人才资源可持续竞争力发展指数平均值为243.20，较2007年增长143.2%。根据图5.35~5.65：2017年发展指数增长达到2007年3倍以上的有5个，分别为青海（4.65倍）、新疆（4.31倍）、贵州（3.67倍）、辽宁（3.34倍）、云南（3.14倍），说明这些省（区）人才资源发展竞争力增长快于其他省（区、市）；2017年发展指数增长在2007年2倍以下的有10个，分别为河北（1.9倍）、甘肃（1.88倍）、山东（1.86倍）、安徽（1.84倍）、湖北（1.78倍）、宁夏（1.76倍）、黑龙江（1.72倍）、江西（1.70倍）、四川（1.63倍）、陕西（1.62倍），说明这些省（区）的气象人才资源发展竞争力增长慢于其他省（区、市）。

根据2017年气象人才资源可持续竞争力发展指数排名（图5.66），将每个省（区、市）的发展指数与全国平均竞争力指数（243.20）进行比较，青海、新疆、贵州、辽宁、云南、内蒙古、西藏、福建、北京、广东、吉林、重庆12个省（区、市）气象部门人才资源可持续竞争力发展指数高于全国平均值（图5.66蓝色线柱），说明较2007年基期相比，这些省（区、市）气象人才资源可持续竞争力发展较快。其他19个省（区、市）低于全国平均值（图5.66红色线柱），说明这些省（区、市）气象人才资源可持续竞争力发展相对较慢。

综上，根据气象人才资源可持续发展水平变化情况和测评结果，对影响测评结果的因素作如下分析：

增长较快的几个省（区、市）多为经济欠发达地区，基础薄弱，发展潜力大。人才资源可持续竞争力的水平受人才资源的空间分布、人才资源的供给、人才资源效率的发挥、人才资源所处环境等因素的影响非常大，使得经济欠发达地区人才资源可持续竞争力水平不高。例如，青海省2007年气象人才资源可持续竞争力指数基础值为16.74，而全国最高水平为上海市的基础值为61.81，两者相差近2.7倍，由于基础薄弱，其发展空间相对更大。

增长较慢的几个省（区、市）或为经济发达地区，或因历史因素受人才资源周期律影响。一方面，经济发达地区气象人才资源可持续竞争力水平基础已经很高，反而增长空间有限，增速不可能过快；另一方面，气象人才资源还受到历史因素的周期律影响，气象人才资源更新受到编制和人才资源退出机制的制约，会影响人才发展竞争力的快速提升。当然，增长较慢还会受到其他因素的制约。

5.3 气象人才资源分项测评结果与分析

气象人才资源综合测评由4个分项构成，即结构测评、创新能力测评、流动倾向测评、生态环境测评，这些分项测评更能有效反映气象人才资源现实性竞争力水平和持续性竞争力水平。

5.3.1 气象人才资源结构测评

气象人才资源结构测评包括学历结构、职称结构和年龄结构，并分别取0.3、0.4和0.3为权重系数，即：人才结构指数分值＝学历结构分值×0.3＋职称结构分值×0.4＋年龄结构分值×0.3。

5.3.1.1 测评结果

通过计算形成表5.4、图5.67。

表5.4 人才资源结构指数比较（2007—2017年平均）

要素指标序号及名称	H3 人才结构赋分值			H3 人才结构指数	人才结构总体能力排序	
	H7 学历结构	H8 职称结构	H9 年龄结构		地区	排名
赋权系数	0.3	0.4	0.3			
北京	58.97	77.78	48.50	63.35	上海	1
天津	42.52	47.36	49.82	46.65	北京	2
河北	33.36	20.62	48.39	32.77	天津	3
山西	27.95	19.57	48.70	30.82	浙江	4
内蒙古	30.97	22.38	43.94	31.42	江苏	5

续表

要素指标序号及名称	H3 人才结构赋分值			H3 人才结构指数	人才结构总体能力排序	
	H7 学历结构	H8 职称结构	H9 年龄结构			
赋权系数	0.3	0.4	0.3		地区	排名
辽宁	37.42	34.12	48.67	39.47	重庆	6
吉林	40.10	30.20	48.00	38.51	宁夏	7
黑龙江	34.58	28.47	50.94	37.04	广东	8
上海	70.36	79.19	56.74	69.81	辽宁	9
江苏	43.46	35.89	50.18	42.45	吉林	10
浙江	44.80	34.37	51.36	42.60	湖北	11
安徽	40.91	20.95	50.17	35.70	广西	12
福建	34.08	23.18	50.92	34.77	陕西	13
江西	21.29	27.79	46.83	31.55	黑龙江	14
山东	38.18	29.09	45.91	36.86	山东	15
河南	29.84	25.44	47.87	33.49	安徽	16
湖北	30.25	35.16	49.33	37.94	福建	17
湖南	22.90	11.62	55.82	28.26	云南	18
广东	45.54	26.00	55.25	40.64	河南	19
广西	37.51	24.68	54.41	37.45	甘肃	20
海南	37.87	24.91	51.86	36.88	河北	21
重庆	42.89	32.60	54.85	42.36	江西	22
四川	18.39	9.27	48.95	23.91	内蒙古	23
贵州	27.17	11.02	48.18	27.01	山西	24
云南	27.98	24.11	51.66	33.54	青海	25
西藏	9.47	21.73	56.06	28.35	西藏	26
陕西	28.71	34.10	49.65	37.15	湖南	27
甘肃	22.63	32.38	43.87	32.90	贵州	28
青海	26.67	22.75	43.34	30.10	新疆	29
宁夏	45.60	32.55	48.55	41.27	四川	30
新疆	9.43	21.02	44.89	24.71	海南	—

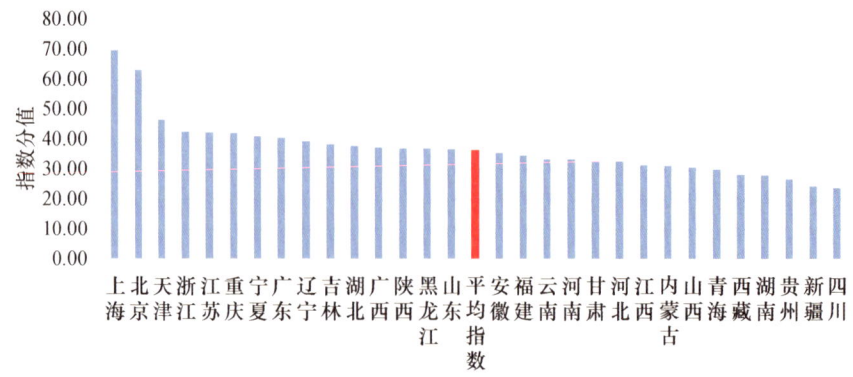

图 5.67 人才结构指数柱形示意（2007—2017 年平均）

由此可得出以下结论：

(1) 2007—2017 年，全国省级气象部门人才资源结构指数平均为 37.10，高于平均值的省（区、市）有 13 个，低于平均值的有 17 个，人才资源结构指数平均值与 1/2 省（区、市）数较接近。

(2) 排位在前 10 位的分别为上海、北京、天津、浙江、江苏、重庆、宁夏、广东、辽宁、吉林，其中最高指数值的上海、北京分别达到 69.81、63.35，东部地区 7 个、中部地区 1 个、西部地区 2 个，主要为经济发达地区，说明这些省（区、市）的气象人才资源结构配置很好。排位在后 10 位的分别为河北、江西、内蒙古、山西、青海、西藏、湖南、贵州、新疆、四川，其中最低指数值的新疆、四川分别为 24.71、23.91，仅为平均值的 66.6%、64.45%，西部地区 6 个、中部地区 3 个、东部地区 1 个，主要为经济欠发达和气象人才资源基础较薄弱地区。

5.3.1.2 影响测评结果因素分析

(1) 受地方经济发展水平影响

气象人才资源结构指数排位前 10 名的省（区、市）中，2017 年有 8 个省（区、市）地方人均 GDP 排位在全国前 10 名，重合率达 80%；排位后 10 名的省（区）中，2017 年有 5 个省（区）地方人均 GDP 排位在全国后 10 名。这说明气象人才资源结构指数测评结果与地方经济发展水平的差异具有相关性。

(2) 受气象人才资源规模影响

气象人才资源结构指数排位后 10 名的省（区）中，2017 年四川、内蒙古、河北、新疆、湖南 5 省（区）气象部门职工人数规模处于全国前 8 位，其中四川、内蒙古气象部门职工均超过 3000 人。显然，这些省（区）的气象人才资源结构指数排位靠后,与本省(区)气象职工规模高度相关。

(3)受地方经济和人才规模双重影响

内蒙古、四川、新疆、贵州等省(区)经济欠发达,气象人才规模又比较大,这些省(区)气象部门人才资源结构实现合理优良的难度就比较大。

5.3.2 气象人才资源创新能力测评

气象人才资源创新能力测评,包括人均获奖成果数、人均承担课题项目数,并分别取 0.6、0.4 为权重系数,即:人才创新能力指数=人均获奖成果数分值×0.6+人均承担课题项目数分值×0.4。

5.3.2.1 测评结果

通过计算形成表 5.5、图 5.68。

表 5.5 人才创新能力指数比较(2007—2017 年平均)

要素指标序号及名称	H4 人才创新能力赋分值		H4 人才创新能力指数	人才创新总体能力排序	
	H10 人均获奖成果数	H11 人均承担课题项目数			
赋权系数	0.6	0.4		地区	排名
北京	7.01	63.31	29.53	上海	1
天津	16.50	24.68	19.77	北京	2
河北	8.22	6.87	7.68	天津	3
山西	2.18	11.69	5.98	宁夏	4
内蒙古	2.66	4.23	3.29	广东	5
辽宁	5.42	13.33	8.58	吉林	6
吉林	20.28	12.34	17.10	陕西	7
黑龙江	1.54	9.81	4.85	甘肃	8
上海	14.16	65.36	34.64	重庆	9
江苏	0.54	13.71	5.81	贵州	10
浙江	7.01	11.72	8.90	湖北	11
安徽	4.91	12.56	7.97	新疆	12
福建	6.35	16.07	10.24	福建	13
江西	4.65	12.84	7.92	浙江	14
山东	3.55	9.29	5.85	辽宁	15
河南	3.51	5.70	4.39	湖南	16

续表

要素指标序号及名称	H4 人才创新能力赋分值		H4 人才创新能力指数	人才创新总体能力排序	
	H10 人均获奖成果数	H11 人均承担课题项目数			
赋权系数	0.6	0.4		地区	排名
湖北	9.03	17.40	12.38	云南	17
湖南	8.60	8.50	8.56	安徽	18
广东	15.30	24.64	19.03	江西	19
广西	6.68	2.76	5.11	河北	20
海南	13.34	17.41	14.97	山西	21
重庆	11.07	20.85	14.98	山东	22
四川	3.23	4.95	3.92	江苏	23
贵州	14.63	9.23	12.47	青海	24
云南	9.79	6.62	8.52	广西	25
西藏	0.89	8.48	3.93	黑龙江	26
陕西	15.03	16.15	15.48	河南	27
甘肃	9.19	24.08	15.15	西藏	28
青海	0.36	13.14	5.47	四川	29
宁夏	16.81	23.44	19.46	内蒙古	30
新疆	4.92	20.05	10.97	海南	—

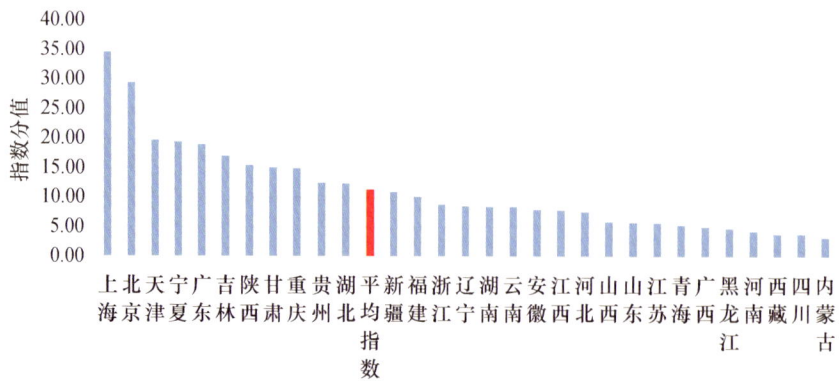

图 5.68 人才创新能力指数柱形示意（2007—2017 年平均）

由此可知以下结果：

（1）2007—2017 年，全国省级气象部门人才资源创新能力指数平均值为 11.26，高于平均值的省（区、市）有 11 个，低于平均值的有 19 个，人才资源创新能力指数平均值向近 1/3 的省（区、市）数倾斜。

（2）排位在前 10 名的分别为上海、北京、天津、宁夏、广东、吉林、陕西、甘肃、重庆、贵州，其中最高指数值的上海、北京分别达到 34.64、29.53，东部地区占 4 个、西部地区 5 个、中部地区 1 个，说明这些省（区、市）的气象人才资源创新能力很强。排位在后 10 名的分别为山西、山东、江苏、青海、广西、黑龙江、河南、西藏、四川、内蒙古，其中最低指数值的四川、内蒙古分别为 3.92、3.29，仅为平均值的 34.81%、29.22%，西部地区占 5 个、中部地区 3 个、东部地区 2 个，说明这些省（区）的气象人才资源创新能力比较一般。

5.3.2.2 影响测评结果因素分析

（1）受气象人才资源规模影响

气象人才资源创新能力指数最高的前 4 位上海、北京、天津、宁夏，正是气象职工人数规模处于全国最后 4 位的省（区、市）。气象人才资源创新能力指数排位后 10 名的省（区）中，2017 年四川、内蒙古、河南、山东 4 省（区）气象部门职工人数规模处于全国前 5 位，其中四川、内蒙古气象部门职工处于全国前 1、2 位。显然，这些省（区）的气象人才资源创新能力指数排位靠后，与本省（区）气象职工规模高度相关。

（2）受气象获奖成果的评分影响

气象人才资源创新能力指数值排位前 10 名中，有 7 个省（区、市）气象获奖成果评分排入前 10 名，依次分别是吉林、宁夏、天津、广东、陕西、上海、重庆，且区域分布差别并不明显。气象人才资源创新能力指数值排位后 10 名中，有 9 个省（区）气象获奖成果评分排入后 10 名，依次分别是山东、河南、四川、内蒙古、山西、黑龙江、西藏、江苏、青海，同样区域分布差别并不明显。说明除气象人才资源规模影响平均测评水平外，气象获奖成果也是重要的影响因素。

5.3.3 气象人才资源流动倾向测评

气象人才资源流动倾向测评，包括人才资源流失率、人才资源增长率，并分别取 0.5、0.5 为权重系数，即：人才流动倾向指数值＝人才资源流失率分值×0.5＋人才资源增长率分值×0.5。

5.3.3.1 测评结果

通过计算形成表 5.6、图 5.69。

表5.6 人才流动倾向指数比较（2007—2017年平均）

要素指标序号及名称	H5人才流动倾向赋分值		H5人才流动倾向指数	人才流动总体能力排序	
	H12人才资源流失率	H13人才资源增长率			
赋权系数	0.5	0.5		地区	排名
北京	69.45	21.06	45.25	北京	1
天津	24.88	22.93	23.91	重庆	2
河北	23.77	5.11	14.44	广东	3
山西	18.03	5.53	11.78	天津	4
内蒙古	6.11	0.55	3.33	浙江	5
辽宁	17.83	3.11	10.47	安徽	6
吉林	24.01	3.13	13.57	广西	7
黑龙江	24.70	7.36	16.03	新疆	8
上海	15.43	4.41	9.92	福建	9
江苏	17.68	15.38	16.53	贵州	10
浙江	23.71	15.52	19.61	陕西	11
安徽	26.32	12.60	19.46	江苏	12
福建	25.68	8.98	17.33	江西	13
江西	20.38	12.36	16.37	黑龙江	14
山东	16.36	12.15	14.25	湖南	15
河南	17.40	10.76	14.08	河北	16
湖北	21.70	3.90	12.80	青海	17
湖南	16.86	13.89	15.38	山东	18
广东	35.69	13.09	24.39	河南	19
广西	20.47	15.66	18.07	甘肃	20
海南	6.39	0.00	3.20	吉林	21
重庆	27.41	26.68	27.04	西藏	22
四川	16.74	6.41	11.57	湖北	23
贵州	22.99	11.09	17.04	宁夏	24
云南	12.73	7.43	10.08	山西	25
西藏	21.75	4.64	13.20	四川	26
陕西	19.90	13.70	16.80	辽宁	27
甘肃	15.90	11.75	13.83	云南	28
青海	21.37	7.47	14.42	上海	29
宁夏	14.78	10.26	12.52	内蒙古	30
新疆	21.41	13.44	17.42	海南	—

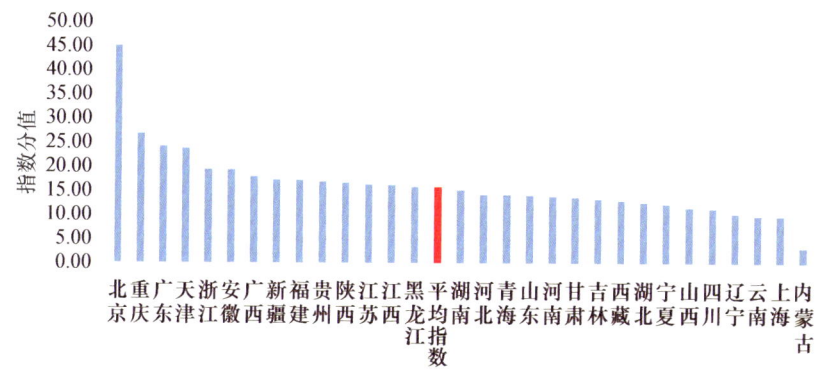

图 5.69 人才流动倾向指数柱形示意（2007—2017 年平均）

由此可知以下结果：

（1）2007—2017 年，全国省级气象部门人才资源流动倾向指数平均值为 16.36，高于平均值的省（区、市）有 13 个，低于平均值的有 17 个，最高的北京达 45.25，最低的内蒙古为 3.33，人才资源流动倾向指数测评平均值在各省（区、市）间呈略倾斜。

（2）排位在前 10 名的分别为北京、重庆、广东、天津、浙江、安徽、广西、新疆、福建、贵州，其中最高指数值的北京、重庆分别达到 45.25、27.04，说明这些省（区、市）人才资源流向性很好，流动性基本平衡，人才资源队伍比较稳定，但区域分布差别特征并不明显。排位在后 10 名的分别为吉林、西藏、湖北、宁夏、山西、四川、辽宁、云南、上海、内蒙古，其中最低指数值的上海、内蒙古分别为 9.92、3.33，仅为平均值的 60.64%、20.35%，说明这些省（区、市）人才资源流向性较一般，流动性不够平衡，人才资源补充不足或不稳定或超级稳定，同样区域分布差别并不明显。

5.3.3.2 影响测评结果因素分析

人才资源增长率不足是导致气象人才资源流动倾向指数分值低的主要因素。在气象人才资源流动倾向指数值排位后 10 名的省（区、市）中，有 7 个人才资源增长率评分排入后 10 名，依次分别是四川、山西、西藏、上海、湖北、辽宁、内蒙古。人才资源增长率的情况比较复杂，有的受人才周期律影响难以实现正常更新，没有或少有出入性的流动；有的则显示净流出，人才补充不足或补充不及时。

5.3.4 气象人才资源生态环境测评

气象人才资源生态环境测评，包括社会环境和单位环境，并分别取 0.6 和 0.4 为权重系数，即：气象人才资源生态环境指数值＝人才资源社会环境分值×0.6＋人才资源单位环境分值×0.4。

5.3.4.1 测评结果

通过计算形成表 5.7、图 5.70。

表 5.7 人才生态环境指数比较（2007—2017 年平均）

要素指标序号及名称	H6 人才生态环境赋分值		H6 人才生态环境指数	人才生态环境总体能力排序	
	H14 社会环境	H15 单位环境		地区	排名
赋权系数	0.6	0.4			
北京	93.49	36.34	70.63	上海	1
天津	73.54	32.20	57.00	北京	2
河北	19.31	29.67	23.46	天津	3
山西	15.40	28.60	20.68	浙江	4
内蒙古	37.61	16.00	28.97	广东	5
辽宁	36.24	27.30	32.66	江苏	6
吉林	23.48	27.42	25.06	福建	7
黑龙江	17.75	21.46	19.23	山东	8
上海	97.28	47.19	77.24	辽宁	9
江苏	55.23	27.84	44.28	湖北	10
浙江	60.20	34.78	50.03	内蒙古	11
安徽	13.18	27.29	18.82	重庆	12
福建	40.32	31.63	36.84	吉林	13
江西	13.85	28.21	19.60	陕西	14
山东	35.70	32.97	34.61	河北	15
河南	14.48	34.59	22.53	湖南	16
湖北	21.91	43.61	30.59	河南	17
湖南	17.70	31.01	23.03	山西	18
广东	47.26	41.62	45.01	新疆	19
广西	11.28	26.14	17.22	江西	20
海南	16.84	23.07	19.33	黑龙江	21

续表

要素指标序号及名称	H6 人才生态环境赋分值		H6 人才生态环境指数	人才生态环境总体能力排序	
	H14 社会环境	H15 单位环境		地区	排名
赋权系数	0.6	0.4			
重庆	23.52	36.67	28.78	安徽	22
四川	12.35	24.72	17.30	宁夏	23
贵州	2.38	23.57	10.86	四川	24
云南	5.73	27.30	14.36	广西	25
西藏	3.33	35.84	16.34	青海	26
陕西	17.77	35.58	24.89	西藏	27
甘肃	2.47	29.11	13.13	云南	28
青海	12.46	22.54	16.49	甘肃	29
宁夏	16.92	21.19	18.63	贵州	30
新疆	13.58	30.20	20.23	海南	—

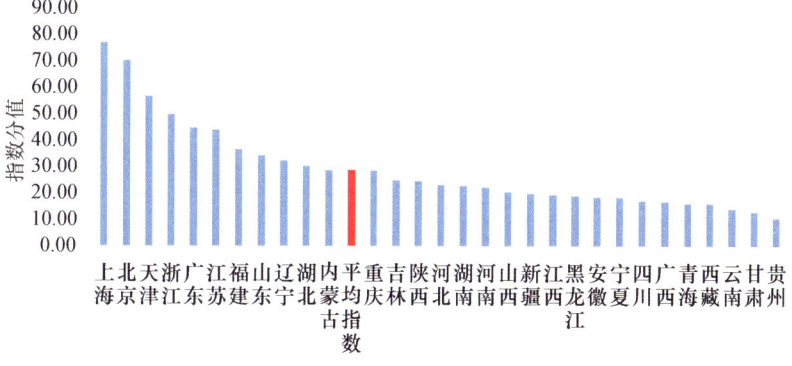

图 5.70 人才生态环境指数柱形示意（2007—2017 年平均）

由此可知以下结果：

（1）2007—2017 年，全国省级气象部门人才资源生态环境指数平均值为 29.28，高于平均值的省（区、市）有 10 个，低于平均值的有 20 个，最高的上海、北京分别达 77.24、70.63，最低的甘肃、贵州分别为 13.13、10.86。全国气象人才资源生态环境指数平均值向东部地区倾斜。

（2）排位在前 10 名的分别为上海、北京、天津、浙江、广东、江苏、福建、山东、辽宁、湖北，除湖北外全部属于东部发达地区，说明这些省（市）气象人才资源生态环境很好，有利于气象人才资源队伍稳定和吸收人才资源。排位在后 10 名的分别为黑龙江、安徽、宁夏、四川、广西、青海、西藏、云南、甘肃、贵州，除黑龙江和安徽外全部为西部地区，说明这些省（区）气象人才资源生态环境较一般，不利于气象人才队伍稳定和吸收人才资源。

5.3.4.2 影响测评结果因素分析

气象人才资源所处的社会环境是影响气象人才资源生态环境指数分值高低的主因，尤其是地方人均GDP水平。气象人才资源生态环境指数分值高的10个省（市），都是地方经济发展水平高、人均GDP处于全国前11名的省（区、市），而且地方政策性规定职工收入高，地理区位好和交通发达；气象人才资源生态环境指数分值排位在后10名的省（区）中，除宁夏外9个省（区）人均GDP处于全国后10名，而且8个省（区）属于西部地区。由此可以判断，地方经济社会发展水平是影响气象人才资源生态环境的重要因子。

5.3.5 气象人才资源现实性竞争力测评

气象人才资源现实性竞争力指数分值由气象人才资源结构指数分值决定（表5.4）。

5.3.5.1 测评结果

通过计算形成表5.8、图5.71。

表5.8 现实性竞争力指数比较（2007—2017年平均）

要素指标序号及名称	现实性竞争力指数	现实性竞争力总体排序	
		地区	排名
北京	63.35	上海	1
天津	46.65	北京	2
河北	32.77	天津	3
山西	30.82	浙江	4
内蒙古	31.42	江苏	5
辽宁	39.47	重庆	6
吉林	38.51	宁夏	7
黑龙江	37.04	广东	8
上海	69.81	辽宁	9
江苏	42.45	吉林	10
浙江	42.60	湖北	11
安徽	35.70	广西	12

续表

要素指标序号及名称	现实性竞争力指数	现实性竞争力总体排序	
		地区	排名
福建	34.77	陕西	13
江西	31.55	黑龙江	14
山东	36.86	山东	15
河南	33.49	安徽	16
湖北	37.94	福建	17
湖南	28.26	云南	18
广东	40.64	河南	19
广西	37.45	甘肃	20
海南	36.88	河北	21
重庆	42.36	江西	22
四川	23.91	内蒙古	23
贵州	27.01	山西	24
云南	33.54	青海	25
西藏	28.35	西藏	26
陕西	37.15	湖南	27
甘肃	32.90	贵州	28
青海	30.10	新疆	29
宁夏	41.27	四川	30
新疆	24.71	海南	—

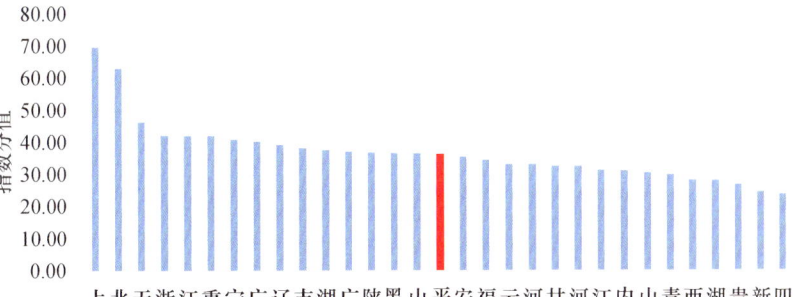

图 5.71 现实性竞争力指数柱形示意（2007—2017 年平均）

由此可知以下结果：

(1) 2007—2017年，全国省级气象部门人才资源现实性竞争力指数平均值为37.1，高于平均值的省（区、市）有13个，低于平均值的有17个，人才资源现实性竞争力指数平均值与1/2省（区、市）数较接近。

(2) 排位在前10名的分别为上海、北京、天津、浙江、江苏、重庆、宁夏、广东、辽宁、吉林，其中最高指数值的上海、北京分别达到69.81、63.35，东部地区7个、中部地区1个、西部地区2个，主要为经济发达地区，说明这些省（区、市）的气象人才资源现实性竞争力强，人才资源优势明显。排位在后10名的分别为河北、江西、内蒙古、山西、青海、西藏、湖南、贵州、新疆、四川，其中最低指数值的新疆、四川分别为24.71、23.91，仅为平均值的66.6%、64.45%，西部地区6个、中部地区3个、东部地区1个，主要为经济欠发达和气象人才资源基础较薄弱地区。

5.3.5.2 影响测评结果因素分析

(1) 地方经济发展水平影响是主因

气象人才资源现实性竞争力指数排位前10名的省（区、市）中，2017年有8个人均GDP排位在全国前10名，重合率达80%。排位后10名的省（区）中，2017年有5个人均GDP排位在全国最后10名。这说明气象人才资源现实性竞争力指数测评结果与地方经济发展水平的差异具有相关性。

(2) 气象人才资源规模影响较明显

气象人才资源现实性竞争力指数排位后10名的省（区）中，2017年四川、内蒙古、河北、新疆、湖南气象部门职工人数规模处于全国前8位，其中四川、内蒙古气象部门职工均超过3000人。显然，这些省（区）的气象人才资源现实性竞争力指数排位靠后，与本省（区）气象职工规模高度相关。

(3) 受地方经济与人才规模双重影响很突出

内蒙古、四川、新疆、贵州等省（区）经济欠发达，气象人才规模又比较大，其气象部门人才资源现实性竞争力提升难度高于其他省（区、市）。

5.3.6 气象人才资源持续性竞争力测评

气象人才资源持续性竞争力测评，包括气象人才创新能力、气象人才流动倾向、气象人才生态环境，并分别取0.25、0.25、0.5为权重系数，即：气象人才资源持续性竞争力指数值＝气象人才创新能力分值×0.25＋气象人才流动倾向分值×0.25＋气象人才生态环境分值×0.5。

5.3.6.1 测评结果

通过计算形成表5.9、图5.72。

表5.9 气象人才资源持续性竞争力测评（2007—2017年）

要素指标序号及名称	持续性竞争力赋分值			持续性竞争力指数	持续性竞争力总体排序	
	人才创新能力	人才流动倾向	人才生态环境			
赋权系数	0.25	0.25	0.50		地区	排名
北京	29.53	45.25	70.63	54.01	北京	1
天津	19.77	23.91	57.00	39.42	上海	2
河北	7.68	14.44	23.46	17.26	天津	3
山西	5.98	11.78	20.68	14.78	广东	4
内蒙古	3.29	3.33	28.97	16.14	浙江	5
辽宁	8.58	10.47	32.66	21.09	江苏	6
吉林	17.10	13.57	25.06	20.20	福建	7
黑龙江	4.85	16.03	19.23	14.84	重庆	8
上海	34.64	9.92	77.24	49.76	山东	9
江苏	5.81	16.53	44.28	27.72	湖北	10
浙江	8.90	19.61	50.03	32.14	辽宁	11
安徽	7.97	19.46	18.82	16.27	陕西	12
福建	10.24	17.33	36.84	25.32	吉林	13
江西	7.92	16.37	19.60	15.87	湖南	14
山东	5.85	14.25	34.61	22.33	宁夏	15
河南	4.39	14.08	22.53	15.88	河北	16
湖北	12.38	12.80	30.59	21.59	新疆	17
湖南	8.56	15.38	23.03	17.50	安徽	18
广东	19.03	24.39	45.01	33.36	内蒙古	19
广西	5.11	18.07	17.22	14.41	河南	20
海南	14.97	3.19	19.33	14.21	江西	21
重庆	14.98	27.04	28.78	24.90	黑龙江	22
四川	3.92	11.57	17.30	12.52	山西	23
贵州	12.47	17.04	10.85	12.80	广西	24
云南	8.52	10.08	14.36	11.83	甘肃	25

续表

要素指标序号及名称	持续性竞争力赋分值			持续性竞争力指数	持续性竞争力总体排序	
	人才创新能力	人才流动倾向	人才生态环境			
赋权系数	0.25	0.25	0.50		地区	排名
西藏	3.93	13.20	16.34	12.45	青海	26
陕西	15.48	16.80	24.89	20.52	贵州	27
甘肃	15.15	13.83	13.13	13.81	四川	28
青海	5.47	14.42	16.49	13.22	西藏	29
宁夏	19.46	12.52	18.63	17.31	云南	30
新疆	10.97	17.42	20.23	17.21	海南	—

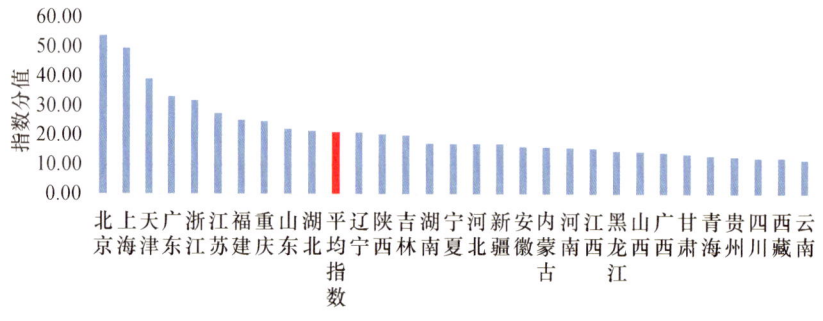

图 5.72 持续性竞争力指数柱形示意（2007—2017 年平均）

由此可知以下结果：

（1）2007—2017 年，全国省级气象部门人才资源持续性竞争力指数平均值为 21.55，高于平均值的省（区、市）有 10 个，低于平均值的有 20 个，人才资源持续性竞争力指数平均值明显向发达地区倾斜。说明发达地区人才资源持续性竞争力较强。

（2）排位在前 10 名的分别为北京、上海、天津、广东、浙江、江苏、福建、重庆、山东、湖北，其中最高指数值的北京、上海分别达到 54.01、49.76，东部地区 8 个、中西部地区各 1 个，主要为经济发达地区，说明这些省（市）的气象人才资源持续性竞争力强，人才资源优势明显。排位在后 10 名的分别为江西、黑龙江、山西、广西、甘肃、青海、贵州、四川、西藏、云南，其中最低指数值的西藏、云南分别为 12.45、11.83，仅为平均值的 57.77%、54.9%，西部地区 7 个、中部地区3个，主要为经济欠发达的西部地区和气象人才资源基础较薄弱的地区。

5.3.6.2 影响测评结果因素分析

从图5.73~5.75可知，各省（区、市）的气象人才资源创新能力、气象人才资源流动倾向和气象人才资源生态环境均对人才资源持续性竞争力产生影响，但从赋值权重和分值距平分析，气象人才资源生态环境是影响气象人才资源持续性竞争力的主要因素。

气象人才资源创新能力测评分值最高的上海正距平为23.26，最低的内蒙古负距平为负8.09，正负差距为31.35；气象人才资源流动倾向测评分值最高的北京正距平为29.31，最低的内蒙古负距平为负12.61，正负差距为41.92；气象人才资源生态环境测评分值最高的上海正距平为48.28，最低的贵州负距平为负11.81，正负差距为60.09。以上距平差值表明：对气象人才资源持续性竞争力的影响，气象人才资源生态环境的影响大于流动倾向的影响，流动倾向的影响大于创新能力的影响，气象人才资源生态环境的影响最大。

统计分析表明：气象人才资源持续性竞争力排位在前10名的省（市），除重庆外有9个气象人才资源生态环境测评分值在前10名，相关率高达90%，由此可见，生态环境对气象人才资源持续性竞争力的影响很大。而影响气象人才资源生态环境测评分值的则主要是社会环境，尤其是当地人均GDP水平，以及地方政策性规定职工收入、地理区位和交通发达程度。气象部门是一个高科技部门，在气象人才政策的激励下，分地区气象人才资源状况东、中、西部差距在明显缩小，受社会生态环境影响的程度在不断降低，但历史存量差别和现实不平衡的距离仍然存在，还需要长期对西部地区和相对不发达地区实施人才政策倾斜。

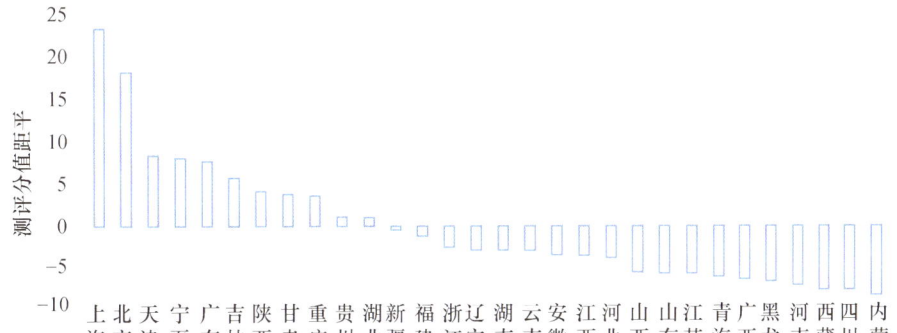

图5.73　2007—2017年各省（区、市）气象人才资源创新能力测评分值距平

气象人才资源结构分析与测评

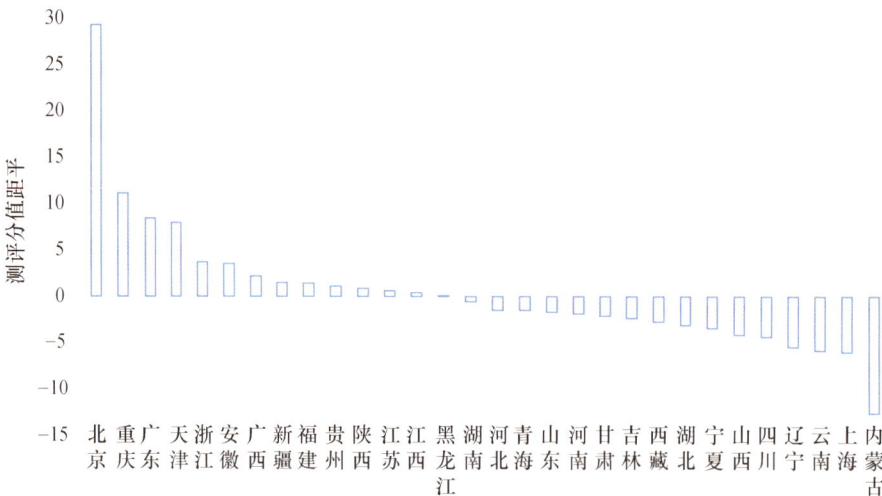

图 5.74　2007—2017 年各省（区、市）气象人才资源流动倾向测评分值距平

图 5.75　2007—2017 年各省（区、市）气象人才资源生态环境测评分值距平

5.4　气象人才资源资产负债测评

依据第 4 章所构建的 MHSC 测量评价的指标体系和测量模式，本研究对全国各省（区、市）气象部门的 MHSC 的状态、水平进行了多角度、多层次、多方位的测量、排序和评估。在 MHSC 竞争力水平研究的基础上，将对 MHSC 进行系统的质量剖析，形成如下 MHSC 资产负债理论。

5.4.1 人才资源可持续发展资产负债表的制定原理

HSC"资产负债表"的构建是建立在对 HSC 的系统解析基础上的。HSC 是建立在相互联系的人才结构、人才创新能力、人才流动倾向、人才生态环境这四大支持系统共同作用的基础上的,借鉴英国古典经济学家大卫·李嘉图的比较优势理论和会计学上的资产负债理论的基本思想,寻求每一个地区各支持系统的比较优势("资产")、比较劣势("负债"),进而对比较优势和比较劣势即"资产"和"负债"进行规范化、定量化,然后置于统一基础上进行相互比较,形成 HSC 的"资产"(比较优势)和"负债"(比较劣势)。

在理解了资产负债表是表述人才资源可持续竞争力质量的基础上,本研究对构成 HSC 的四大支撑系统进行剖析,目的是寻求每一个支撑系统在不同地区气象部门之间分布中的比较优势、比较劣势,在此基础上形成相对意义上的 MHSC 资产负债质量评判原理。

5.4.2 人才资源可持续发展资产负债的测量模式

为了严格比较全国气象部门在 HSC 上的质量差异,本研究设定了资产负债的测量模式。

5.4.2.1 资产负债赋分值的约定

对不同地区的同一个要素指标,按相对比较优势进行排序,位次分别为 1,2,3,4,……,30,31,约定每个位次对应的资产赋分值分别为 30,29,28,……,3,2,1,0,组成人才资源可持续竞争的"资产";每个位次对应的负债赋分值分别为 0,−1,−2,……,−28,−29,−30,组成人才资源可持续竞争的"负债"。

5.4.2.2 资产、负债、净资产的测量模式

——HSC 资产总分值为两大类型层与四大支撑系统资产赋分值之和。即:

$$HZ = H_1Z + H_2Z + H_3Z + H_4Z + H_5Z + H_6Z = \sum_{n=1}^{6} H_nZ$$

式中,HZ 代表人才资源可持续竞争力资产总分值;H_nZ 代表 n 项人才资源可持续竞争力要素指标资产赋分值。

——HSC 负债总分值为两大类型层与四大支撑系统负债赋分值之和。即:

$$HF = H_1F + H_2F + H_3F + H_4F + H_5F + H_6F = \sum_{n=1}^{6} H_nF$$

式中，HF 代表人才资源可持续竞争力负债总分值；H_nF 代表 n 项人才资源可持续竞争力要素指标负债赋分值。

——人才资源可持续竞争力净资产为资产总赋分值与负债总赋分值之和。即：

$$JZ = HZ + HF$$

式中，JZ 代表人才资源可持续竞争力净资产。

5.4.2.3 资产率、负债率、净资产率的测量模式

——资产率（ZL）的测量模式为：

$$ZL = [HZ/(30 \times 6)] \times 100\%$$

本研究设定资产质量标准：$80\% \leqslant ZL \leqslant 100\%$，则表明 HSC 的资产品质优良；$60\% \leqslant ZL < 80\%$，则表明 HSC 的资产品质较好；$40\% \leqslant ZL < 60\%$，则表明 HSC 的资产品质一般；$20\% \leqslant ZL < 40\%$，则表明 HSC 的资产品质较差；$0 \leqslant ZL < 20\%$，则表明 HSC 的资产品质很差。

——负债率（FL）的测量模式为：

$$FL = [HF/(30 \times 6)] \times 100\%$$

本研究设定负债质量标准：$-100\% \leqslant FL < -80\%$，则表明 HSC 的负债品质很差；$-80\% \leqslant FL < -60\%$，则表明 HSC 的负债品质较差；$-60\% \leqslant FL < -40\%$，则表明 HSC 的负债品质一般；$-40\% \leqslant FL < -20\%$，则表明 HSC 的负债品质较好；$-20\% \leqslant FL \leqslant 0$，则表明 HSC 的负债品质很好。

——净资产率（JL）测量模式为：

人才资源可持续竞争力净资产率为资产率与负债率之和。即：

$$JL = ZL + FL$$

5.4.3 气象人才资源可持续发展资产负债评估

利用 HSC 资产负债表可对我国各地区气象部门的竞争力质量作出相应的数值判断，其基本研究思路通过资产、负债以及相互抵消的净资产，作为各地区气象部门 MHSC 的"质"的判断。本研究对 MHSC 两大类型竞争力和四大支撑系统根据测量模式进行了测量，测量结果如表 5.10 所示。

表 5.10 人才资源可持续竞争力资产负债评估

地区	资产负债总赋分值			资产负债率（%）			排名	
	资产	负债	净资产	资产率	负债率	净资产率	地区	名次
北京	176	−4	172	97.78	−2.22	95.56	北京	1
天津	167	−13	154	92.78	−7.22	85.56	天津	2
河北	76	−104	−28	42.22	−57.78	−15.56	广东	3
山西	50	−130	−80	27.78	−72.22	−44.44	上海	4
内蒙古	49	−131	−82	27.22	−72.78	−45.56	浙江	5
辽宁	105	−75	30	58.33	−41.67	16.67	重庆	6
吉林	113	−67	46	62.78	−37.22	25.56	江苏	7
黑龙江	73	−107	−34	40.56	−59.44	−18.89	陕西	8
上海	151	−29	122	83.89	−16.11	67.78	福建	9
江苏	128	−52	76	71.11	−28.89	42.22	吉林	10
浙江	149	−31	118	82.78	−17.22	65.56	湖北	11
安徽	88	−92	−4	48.89	−51.11	−2.22	辽宁	12
福建	115	−65	50	63.89	−36.11	27.78	宁夏	13
江西	68	−112	−44	37.78	−62.22	−24.44	山东	14
山东	98	−82	16	54.44	−45.56	8.89	安徽	15
河南	64	−116	−52	35.56	−64.44	−28.89	广西	16
湖北	109	−71	38	60.56	−39.44	21.11	河北	17
湖南	70	−110	−40	38.89	−61.11	−22.22	黑龙江	18
广东	153	−57	96	72.86	−27.14	45.71	新疆	19
广西	79	−101	−22	43.89	−56.11	−12.22	湖南	20
海南	37	−143	−106	20.56	−79.44	−58.89	江西	21
重庆	143	−37	106	79.44	−20.56	58.89	河南	22
四川	16	−164	−148	8.89	−91.11	−82.22	甘肃	23
贵州	50	−130	−80	27.78	−72.22	−44.44	山西	24
云南	44	−136	−92	24.44	−75.56	−51.11	贵州	25
西藏	25	−155	−130	13.89	−86.11	−72.22	内蒙古	26
陕西	116	−64	52	64.44	−35.56	28.89	云南	27
甘肃	62	−118	−56	34.44	−65.56	−31.11	青海	28
青海	40	−140	−100	22.22	−77.78	−55.56	海南	29
宁夏	105	−75	30	58.33	−41.67	16.67	西藏	30
新疆	71	−109	−38	39.44	−60.56	−21.11	四川	31

从表 5.10 可以清楚地看到，北京、天津、上海、浙江、重庆、广东、江苏、陕西、福建、吉林、湖北、辽宁、宁夏、山东这 14 个省（区、市）的净资产为正值，说明其 MHSC 质量相对较好，而其他省（区、市）的净资产为负值，表明其 MHSC 的质量相对一般或较差。MHSC 净资产或净资产率排位前 10 名的分别是北京、天津、广东、上海、浙江、重庆、江苏、陕西、福建、吉林；排位后 10 名的分别是河南、甘肃、山西、贵州、内蒙古、云南、青海、海南、西藏、四川。

根据资产质量与负债质量的标准，北京、天津、上海、浙江 4 个省（市）气象局的资产率（ZL）≥80%，负债率（FL）≤20%，表明其 MHSC 的资产品质优良、负债品质很好；重庆、广东、江苏、陕西、福建、吉林、湖北 7 个省（市）气象局，ZL 在 60%～80%，FL 在 -40%～-20%，表明其 MHSC 资产品质和负债品质较好；辽宁、宁夏、山东、安徽、广西、河北、黑龙江 7 个省（区）气象局，ZL 在 40%～60%，FL 在 -60%～-40%，表明其 MHSC 资产品质和负债品质一般；新疆、湖南、江西、河南、甘肃、山西、贵州、内蒙古、云南、青海 10 个省（区）气象局，ZL 在 20%～40%，FL 在 -80%～-60%，表明其 MHSC 资产品质和负债品质较低；而西藏自治区和四川省气象局，ZL 在 20% 以下，FL 在 -80% 以下，表明这两个单位 MHSC 的资产品质和负债品质很低。

5.5 气象人才资源评估实证小结

从 MHSC 指数排名看，2007—2017 年 MHSC 指数 10 年平均排位前 10 名的地区分别是上海、北京、天津、浙江、广东、江苏、重庆、福建、辽宁、山东，排位后 10 名的地区分别是湖南、甘肃、山西、云南、新疆、青海、西藏、贵州、海南、四川。

从评估的影响因子分析，地方经济社会发展所占比较高，排位前 10 名的都是我国经济社会排名处在前位的地区，除重庆外都属于东部地区，而重庆作为最后成立的直辖市，气象人才资源一直处于增长期，所以能够进入前 10 名。排位在后 10 名的应当具有相对性，在人才资源某些方面排位靠前，如海南人才资源的现实性竞争力在全国排位居于第 15 名，已经比较靠前，但由于持续性竞争力排位靠后则影响总体排位；又如湖南人才资源的持续性竞争力在全国排位居于第 14 名，同样比较靠前，但由于受现实性竞争力的制约而影响了总体排位。总之，排名只是评估表现的一种形式,受其影响的情况比较复杂,既有地方经济社会发展原因,也有历史发展和体制原因,而且具有相对性,其评估结论自然存在一定局限性。

如果将 MHSC 水平分为 4 个档次,50≤MHSC≤100,表明 MHSC 的水平很高;30≤MHSC<50,则表明 MHSC 的水平较高;20≤MHSC<30,则表明 MHSC 的水平一般;0≤MHSC<20,则表明 MHSC 的水平较低。相比较而言,上海、北京 MHSC 水平最高;天津、浙江、广东、江苏、重庆 MHSC 水平较高;福建、辽宁、山东、湖北、吉林、陕西、宁夏、安徽、黑龙江、广西、河北、河南、内蒙古、江西、湖南、甘肃、山西、云南、新疆 MHSC 水平处于一般层次;青海、西藏、贵州、四川 MHSC 水平较低,其气象人才资源竞争力水平远低于北京、上海。

气象人才资源可持续发展资产负债评估,新疆、湖南、江西、河南、甘肃、山西、贵州、内蒙古、云南 10 个省(区)气象局,ZL 在 20%~40%,FL 在 −80%~−60%,表明这 10 个单位 MHSC 资产品质和负债品质有待改善;而西藏自治区气象局和四川省气象局,ZL 在 20% 以下,FL 在 −80% 以下,表明这两个单位 MHSC 的资产品质和负债品质受当地地理环境和经济社会发展环境制约,通过自身努力较难有重大改善,因此需要作重大政策性倾斜来改善。

本研究首次采用综合指数法、标杆分析法、德尔菲法等方法,对气象部门人才资源进行量化客观评估。其方法的科学性、数据的真实性得到普遍认可,但对评估所形成的结论应当有一个客观的认识过程,还需要在实践中不断完善,实施跟踪分析与评估。

各省(区、市)气象人才资源可持续竞争力资产负债情况见表 5.11、图 5.76~5.106。

表 5.11 各省(区、市)气象人才资源可持续竞争力资产负债表(2007—2017 年)

地区	要素	2007年	2008年	2009年	2010年	2011年	2012年	2013年	2014年	2015年	2016年	2017年
北京	资产	165	169	166	167	172	175	143	166	176	176	179
	负债	−9	−5	−8	−7	−8	−5	−37	−14	−4	−4	−1
	净资产	156	164	158	160	164	170	106	152	172	172	178
天津	资产	141	117	121	125	168	156	136	151	139	166	143
	负债	−33	−57	−53	−49	−12	−24	−44	−29	−41	−14	−37
	净资产	108	60	68	76	156	132	92	122	98	152	106

续表

地区	要素	2007年	2008年	2009年	2010年	2011年	2012年	2013年	2014年	2015年	2016年	2017年
河北	资产	97	53	40	34	64	63	108	80	88	83	98
	负债	−77	−121	−134	−140	−116	−117	−72	−100	−92	−97	−82
	净资产	20	−68	−94	−106	−52	−54	36	−20	−4	−14	16
山西	资产	59	55	76	65	69	55	38	43	45	52	46
	负债	−115	−119	−98	−109	−111	−125	−142	−137	−135	−128	−134
	净资产	−56	−64	−22	−44	−42	−70	−104	−94	−90	−76	−88
内蒙古	资产	44	76	62	52	50	47	49	51	54	47	43
	负债	−130	−98	−112	−122	−130	−133	−131	−129	−126	−133	−137
	净资产	−86	−22	−50	−70	−80	−86	−82	−78	−72	−86	−94
辽宁	资产	69	92	103	107	116	98	137	123	127	102	93
	负债	−105	−82	−71	−67	−64	−82	−43	−57	−53	−78	−87
	净资产	−36	10	32	40	52	16	94	66	74	24	6
吉林	资产	123	97	101	94	95	124	121	129	119	104	122
	负债	−51	−77	−73	−80	−85	−56	−59	−51	−61	−76	−58
	净资产	72	20	28	14	10	68	62	78	58	28	64
黑龙江	资产	80	92	99	64	50	59	52	98	93	82	40
	负债	−94	−82	−75	−110	−130	−121	−128	−82	−87	−98	−140
	净资产	−14	10	24	−46	−80	−62	−76	16	6	−16	−100
上海	资产	153	146	166	152	171	151	168	158	168	154	143
	负债	−21	−28	−8	−22	−9	−29	−12	−22	−12	−26	−37
	净资产	132	118	158	130	162	122	156	136	156	128	106
江苏	资产	131	123	100	119	122	103	102	129	129	131	120
	负债	−43	−51	−74	−55	−58	−77	−78	−51	−51	−49	−60
	净资产	88	72	26	64	64	26	24	78	78	82	60
浙江	资产	132	132	134	139	137	140	138	134	136	150	141
	负债	−42	−42	−40	−35	−43	−40	−42	−46	−44	−30	−39
	净资产	90	90	94	104	94	100	96	88	92	120	102
安徽	资产	86	53	58	67	83	95	78	86	88	103	89
	负债	−88	−121	−116	−107	−97	−85	−102	−94	−92	−77	−91
	净资产	−2	−68	−58	−40	−14	10	−24	−8	−4	26	−2
福建	资产	79	116	111	95	113	101	105	104	106	97	97
	负债	−95	−58	−63	−79	−67	−79	−75	−76	−74	−83	−83
	净资产	−16	58	48	16	46	22	30	28	32	14	14

续表

地区	要素	2007年	2008年	2009年	2010年	2011年	2012年	2013年	2014年	2015年	2016年	2017年
江西	资产	70	37	57	64	63	89	51	69	61	48	96
	负债	−104	−137	−117	−110	−117	−91	−129	−111	−119	−132	−84
	净资产	−34	−100	−60	−46	−54	−2	−78	−42	−58	−84	12
山东	资产	123	109	101	110	111	79	104	98	85	75	76
	负债	−51	−65	−73	−64	−69	−101	−76	−82	−95	−105	−104
	净资产	72	44	28	46	42	−22	28	16	−10	−30	−28
河南	资产	74	68	49	72	70	86	86	48	52	44	55
	负债	−100	−106	−125	−102	−110	−94	−94	−132	−128	−136	−125
	净资产	−26	−38	−76	−30	−40	−8	−8	−84	−76	−92	−70
湖北	资产	113	116	104	100	82	111	127	127	107	98	124
	负债	−61	−58	−70	−74	−98	−69	−53	−53	−73	−82	−56
	净资产	52	58	34	26	−16	42	74	74	34	16	68
湖南	资产	44	70	52	98	52	51	79	49	64	65	84
	负债	−130	−104	−122	−76	−128	−129	−101	−131	−116	−115	−96
	净资产	−86	−34	−70	22	−76	−78	−22	−82	−52	−50	−12
广东	资产	131	141	142	142	148	156	155	153	139	142	137
	负债	−43	−33	−32	−32	−32	−24	−25	−27	−41	−38	−43
	净资产	88	108	110	110	116	132	130	126	98	104	94
广西	资产	97	56	82	76	59	78	73	54	55	83	93
	负债	−77	−118	−92	−98	−121	−102	−107	−126	−125	−97	−87
	净资产	20	−62	−10	−22	−62	−24	−34	−72	−70	−14	6
海南	资产	—	—	—	—	95	89	110	94	110	113	76
	负债	—	—	—	—	−85	−91	−70	−86	−70	−67	−104
	净资产	—	—	—	—	10	−2	40	8	40	46	−28
重庆	资产	104	151	151	113	141	131	116	127	113	122	107
	负债	−70	−23	−23	−61	−39	−49	−64	−53	−67	−58	−73
	净资产	34	128	128	52	102	82	52	74	46	64	34
四川	资产	39	39	39	27	15	24	32	29	37	13	32
	负债	−135	−135	−135	−147	−165	−156	−148	−151	−143	−167	−148
	净资产	−96	−96	−96	−120	−150	−132	−116	−122	−106	−154	−116
贵州	资产	12	30	32	64	68	57	66	37	50	52	46
	负债	−162	−144	−142	−110	−112	−123	−114	−143	−130	−128	−134
	净资产	−150	−114	−110	−46	−44	−66	−48	−106	−80	−76	−88

续表

地区	要素	2007年	2008年	2009年	2010年	2011年	2012年	2013年	2014年	2015年	2016年	2017年
云南	资产	63	78	68	58	61	54	48	30	26	31	27
	负债	−111	−96	−106	−116	−119	−126	−132	−150	−154	−149	−153
	净资产	−48	−18	−38	−58	−58	−72	−84	−120	−128	−118	−126
西藏	资产	44	42	14	23	24	44	24	76	16	25	52
	负债	−130	−132	−160	−151	−156	−136	−156	−104	−164	−155	−128
	净资产	−86	−90	−146	−128	−132	−92	−132	−28	−148	−130	−76
陕西	资产	123	128	127	105	111	120	85	84	117	101	75
	负债	−51	−46	−47	−69	−69	−60	−95	−96	−63	−79	−105
	净资产	72	82	80	36	42	60	−10	−12	54	22	−30
甘肃	资产	63	37	68	83	68	51	26	80	65	65	102
	负债	−111	−137	−106	−91	−112	−129	−154	−100	−115	−115	−78
	净资产	−48	−100	−38	−8	−44	−78	−128	−20	−50	−50	24
青海	资产	26	42	48	56	35	36	47	29	69	78	49
	负债	−148	−132	−126	−118	−145	−144	−133	−151	−111	−102	−131
	净资产	−122	−90	−78	−62	−110	−108	−86	−122	−42	−24	−82
宁夏	资产	94	97	102	102	111	125	63	86	92	128	119
	负债	−80	−77	−72	−72	−69	−55	−117	−94	−88	−52	−61
	净资产	14	20	30	30	42	70	−54	−8	4	76	58
新疆	资产	31	48	37	37	66	42	45	68	64	60	86
	负债	−143	−126	−137	−137	−114	−138	−135	−112	−116	−120	−94
	净资产	−112	−78	−100	−100	−48	−96	−90	−44	−52	−60	−8

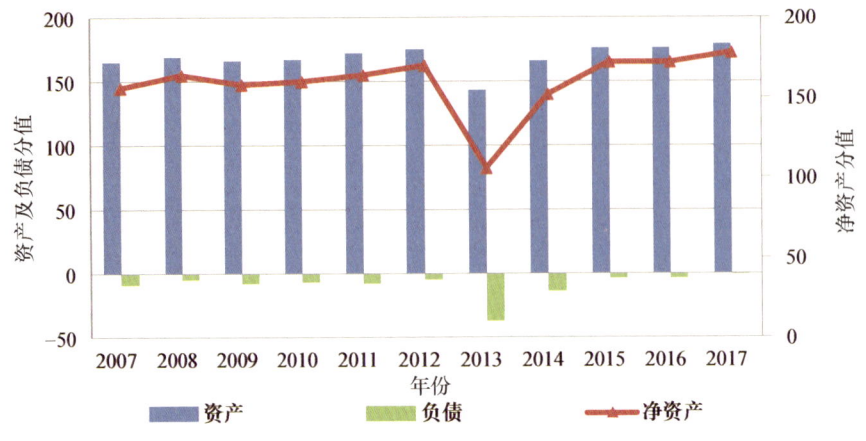

图 5.76　北京气象人才资源可持续竞争力资产负债示意（2007—2017 年）

第5章 气象人才资源评估实证与分析

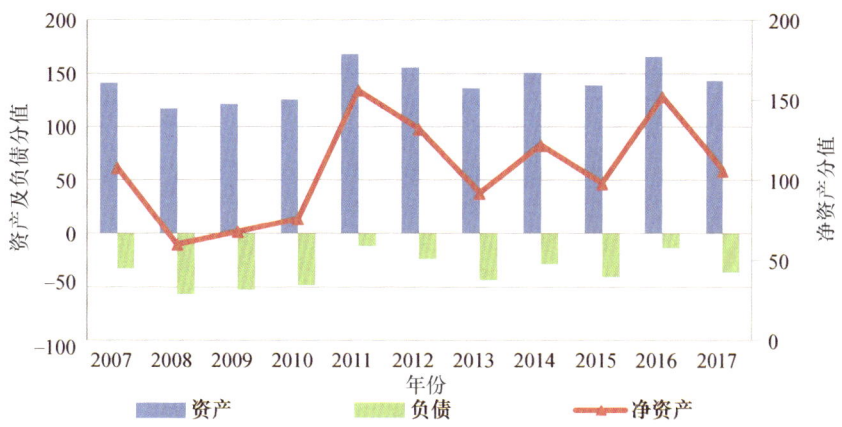

图 5.77 天津气象人才资源可持续竞争力资产负债示意（2007—2017 年）

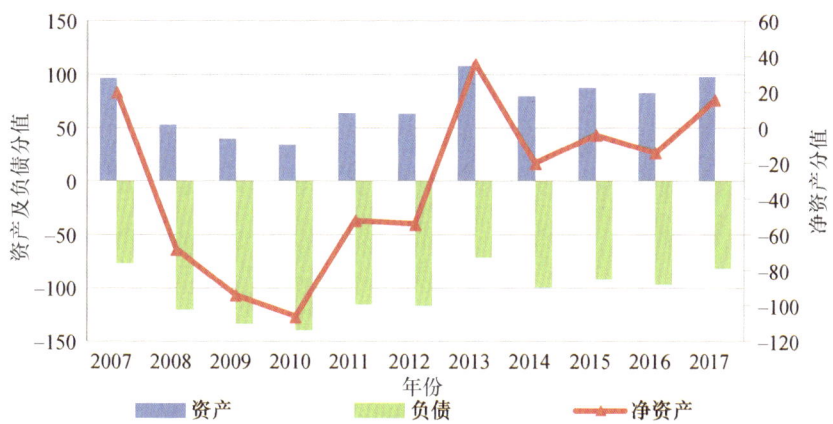

图 5.78 河北气象人才资源可持续竞争力资产负债示意（2007—2017 年）

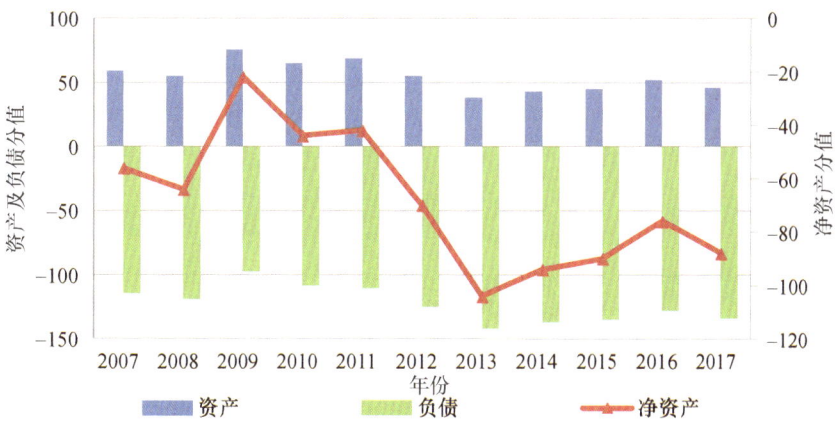

图 5.79 山西气象人才资源可持续竞争力资产负债示意（2007—2017 年）

气象人才资源结构分析与测评

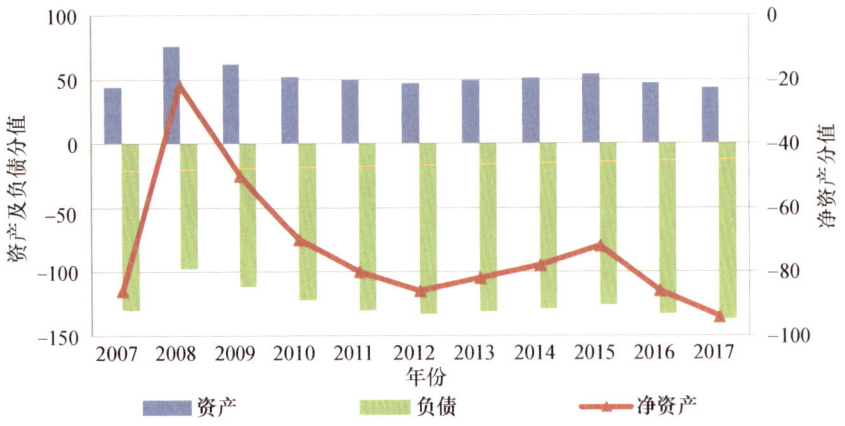

图 5.80　内蒙古气象人才资源可持续竞争力资产负债示意（2007—2017 年）

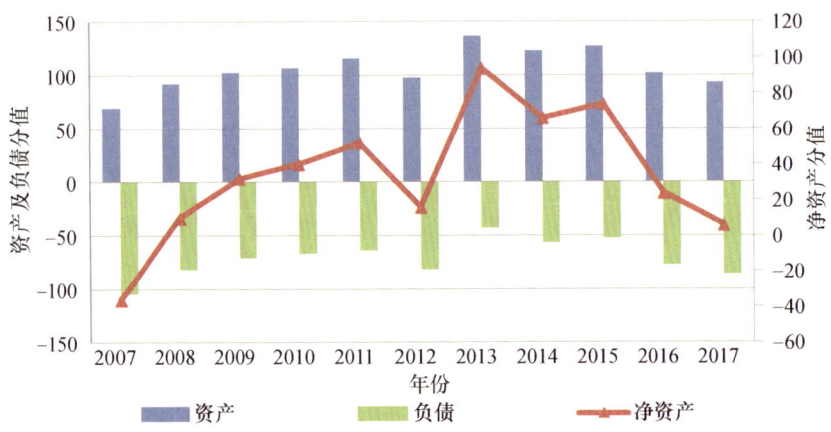

图 5.81　辽宁气象人才资源可持续竞争力资产负债示意（2007—2017 年）

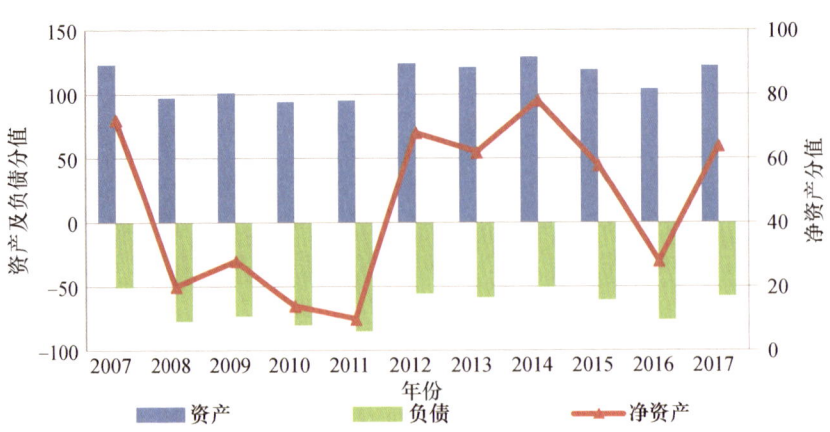

图 5.82　吉林气象人才资源可持续竞争力资产负债示意（2007—2017 年）

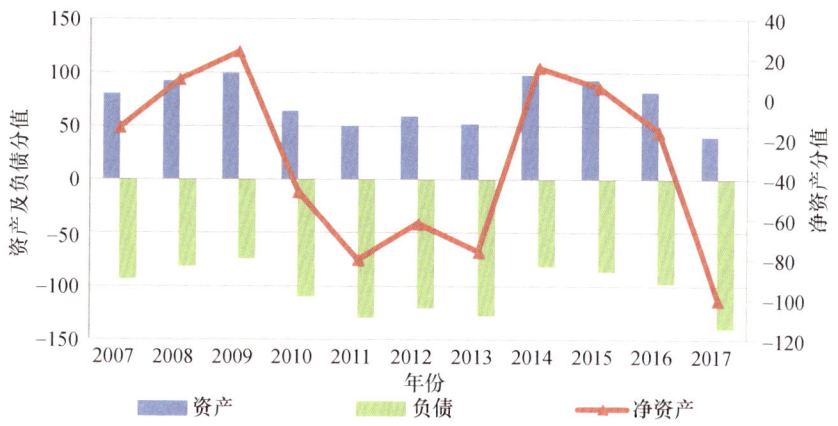

图 5.83　黑龙江气象人才资源可持续竞争力资产负债示意（2007—2017 年）

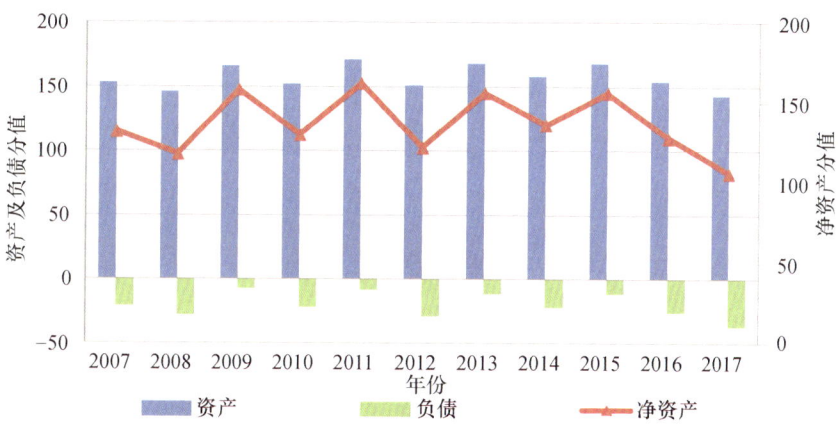

图 5.84　上海气象人才资源可持续竞争力资产负债示意（2007—2017 年）

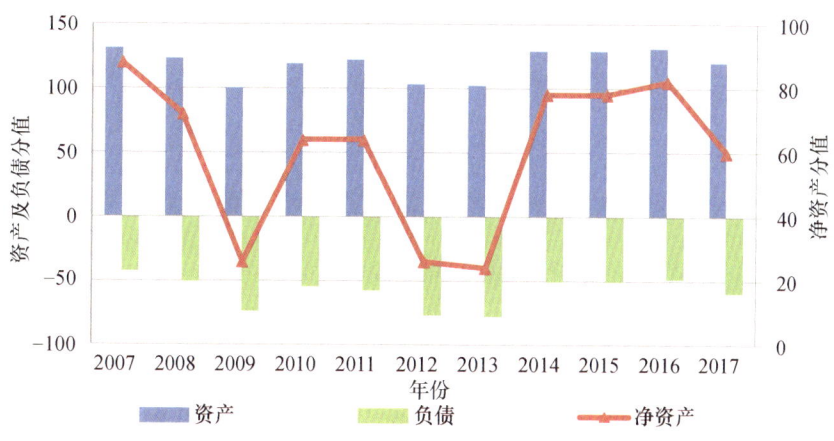

图 5.85　江苏气象人才资源可持续竞争力资产负债示意（2007—2017 年）

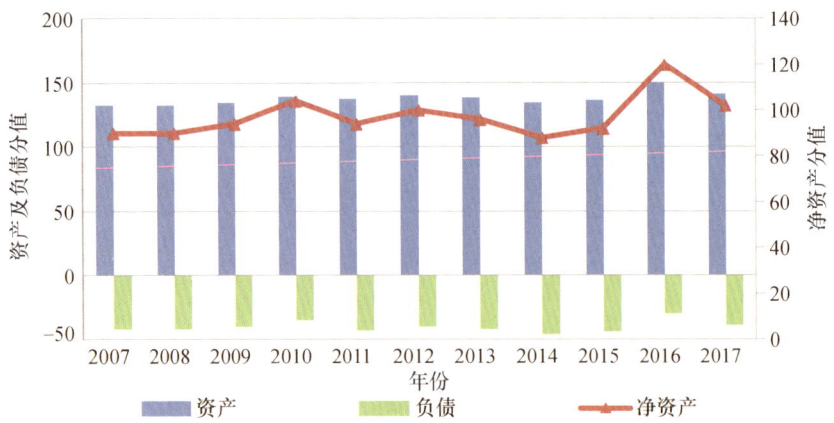

图 5.86 浙江气象人才资源可持续竞争力资产负债示意（2007—2017 年）

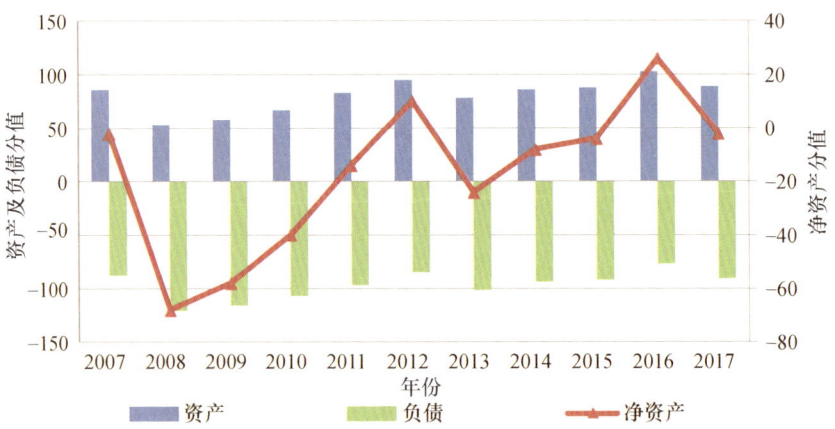

图 5.87 安徽气象人才资源可持续竞争力资产负债示意（2007—2017 年）

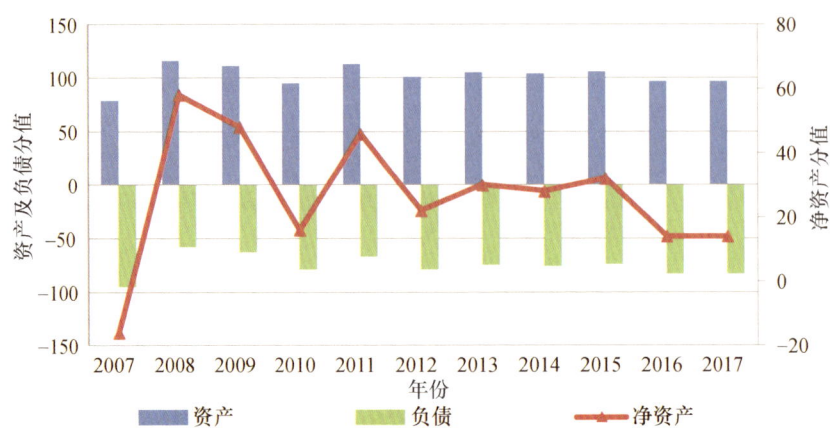

图 5.88 福建气象人才资源可持续竞争力资产负债示意（2007—2017 年）

第5章 气象人才资源评估实证与分析

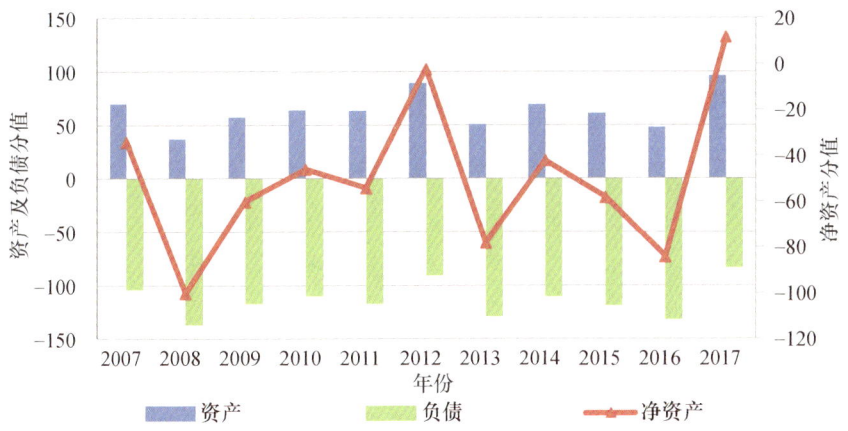

图 5.89　江西气象人才资源可持续竞争力资产负债示意（2007—2017 年）

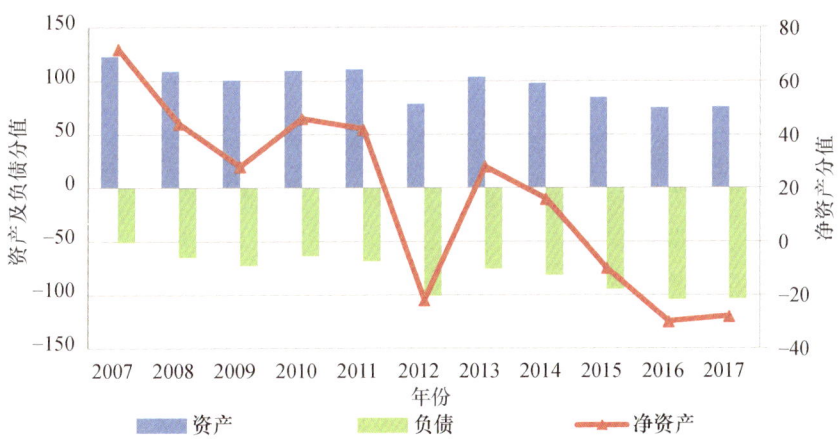

图 5.90　山东气象人才资源可持续竞争力资产负债示意（2007—2017 年）

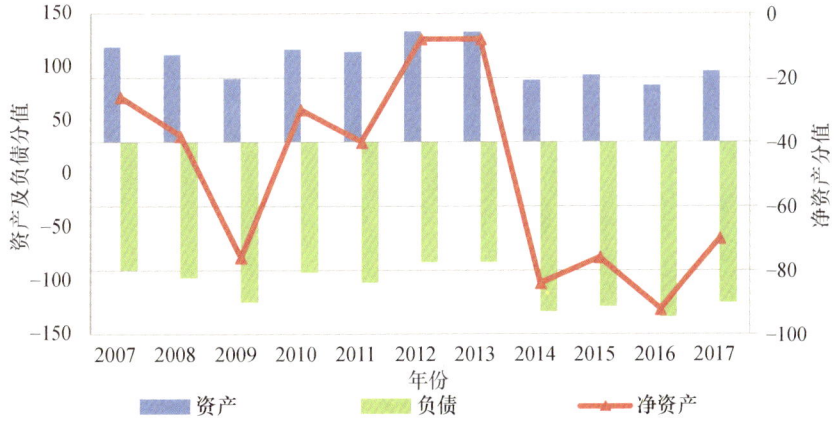

图 5.91　河南气象人才资源可持续竞争力资产负债示意（2007—2017 年）

气象人才资源结构分析与测评

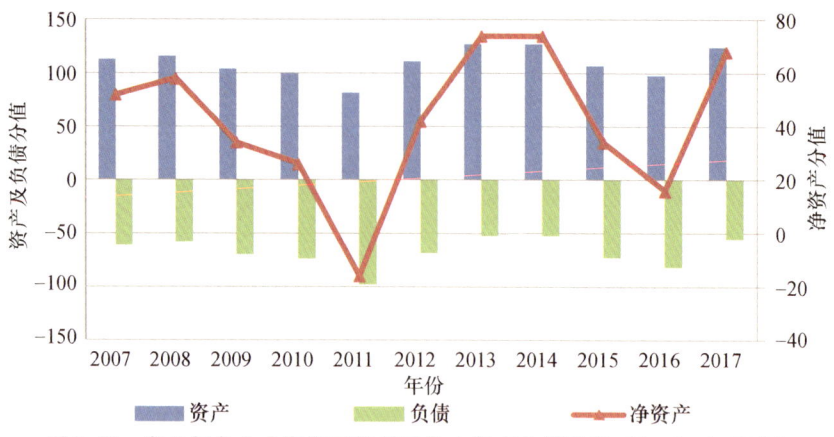

图 5.92 湖北气象人才资源可持续竞争力资产负债示意（2007—2017 年）

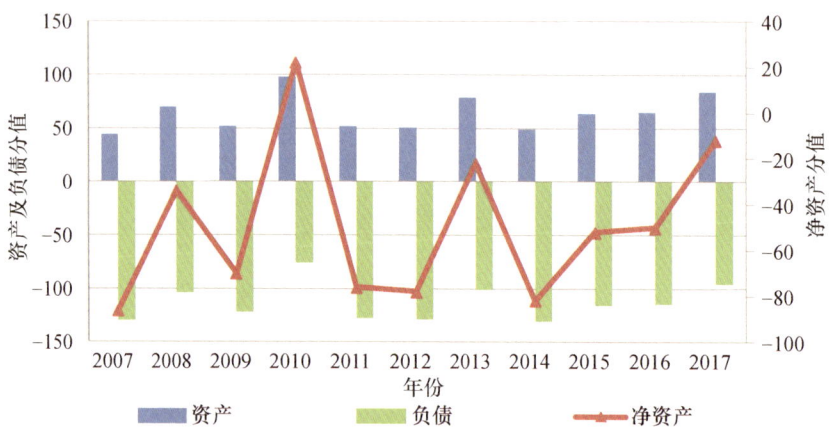

图 5.93 湖南气象人才资源可持续竞争力资产负债示意（2007—2017 年）

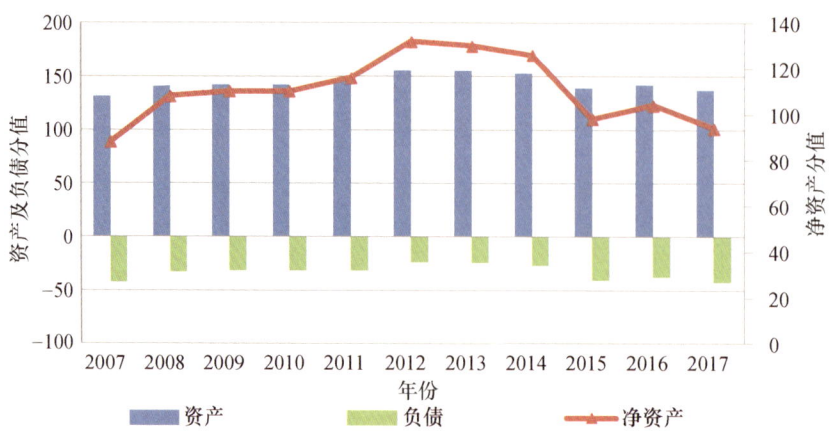

图 5.94 广东气象人才资源可持续竞争力资产负债示意（2007—2017 年）

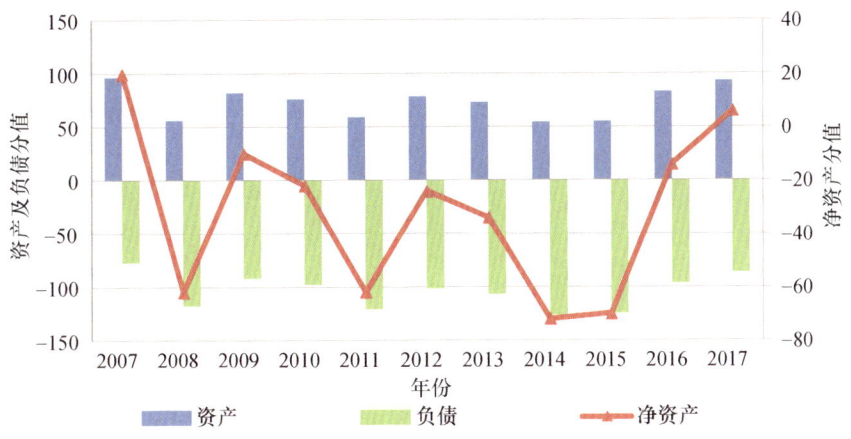

图 5.95　广西气象人才资源可持续竞争力资产负债示意（2007—2017 年）

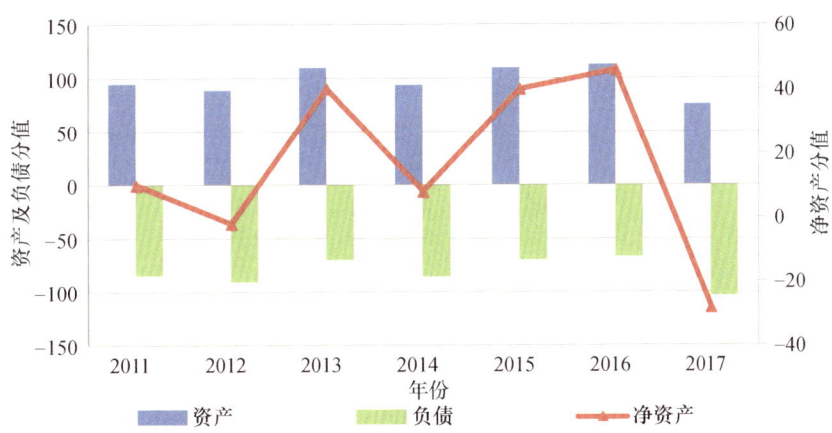

图 5.96　海南气象人才资源可持续竞争力资产负债示意（2011—2017 年）

图 5.97　重庆气象人才资源可持续竞争力资产负债示意（2007—2017 年）

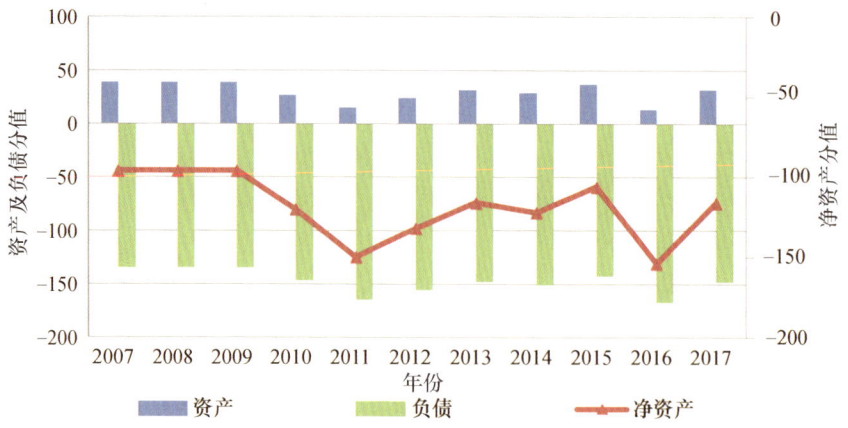

图 5.98　四川气象人才资源可持续竞争力资产负债示意（2007—2017 年）

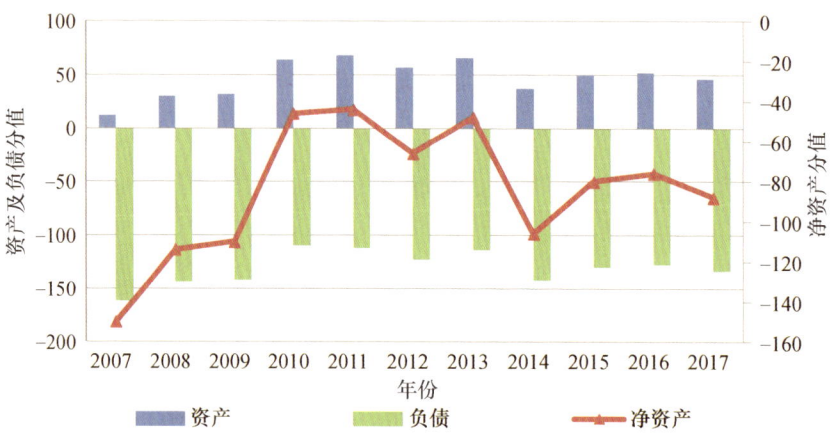

图 5.99　贵州气象人才资源可持续竞争力资产负债示意（2007—2017 年）

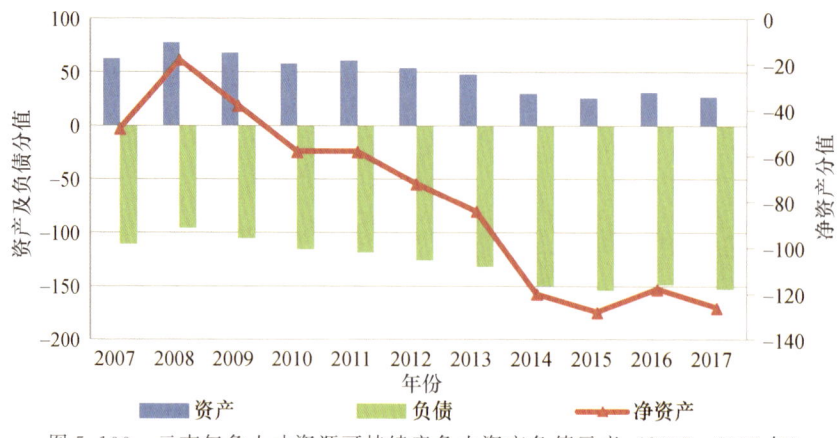

图 5.100　云南气象人才资源可持续竞争力资产负债示意（2007—2017 年）

第5章 气象人才资源评估实证与分析

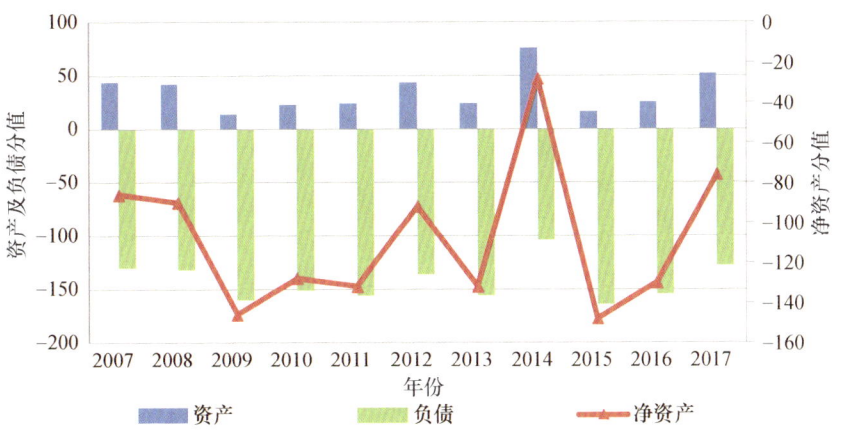

图 5.101　西藏气象人才资源可持续竞争力资产负债示意（2007—2017 年）

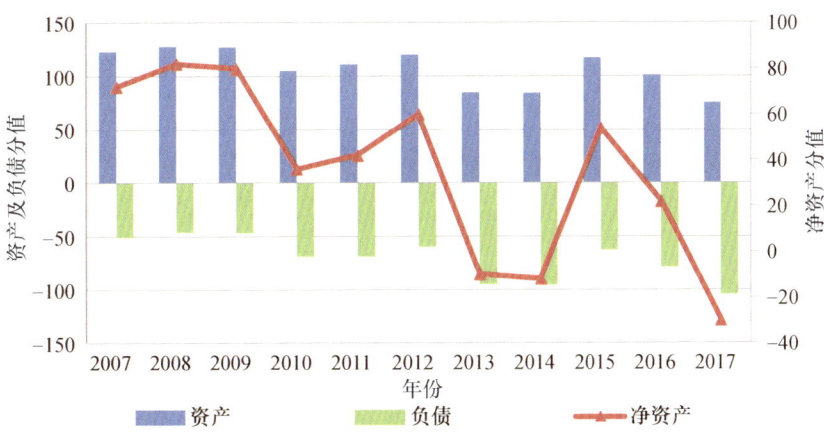

图 5.102　陕西气象人才资源可持续竞争力资产负债示意（2007—2017 年）

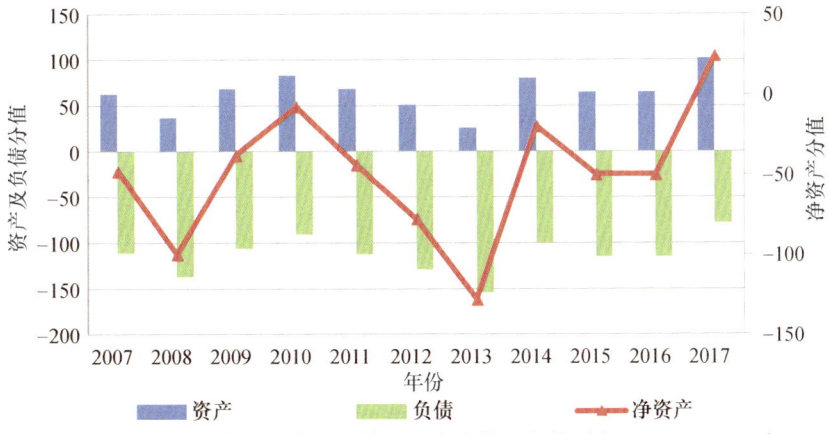

图 5.103　甘肃气象人才资源可持续竞争力资产负债示意（2007—2017 年）

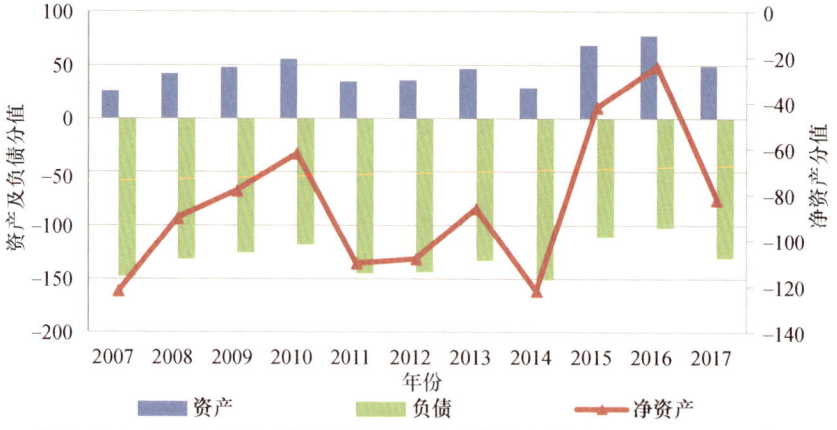

图 5.104 青海气象人才资源可持续竞争力资产负债示意（2007—2017 年）

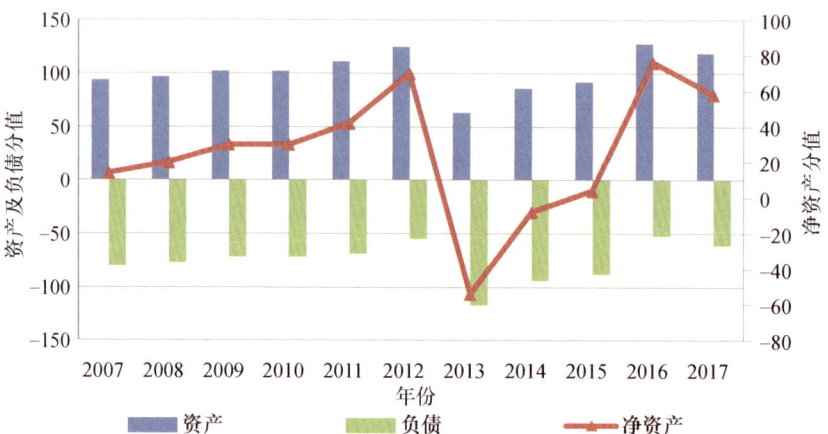

图 5.105 宁夏气象人才资源可持续竞争力资产负债示意（2007—2017 年）

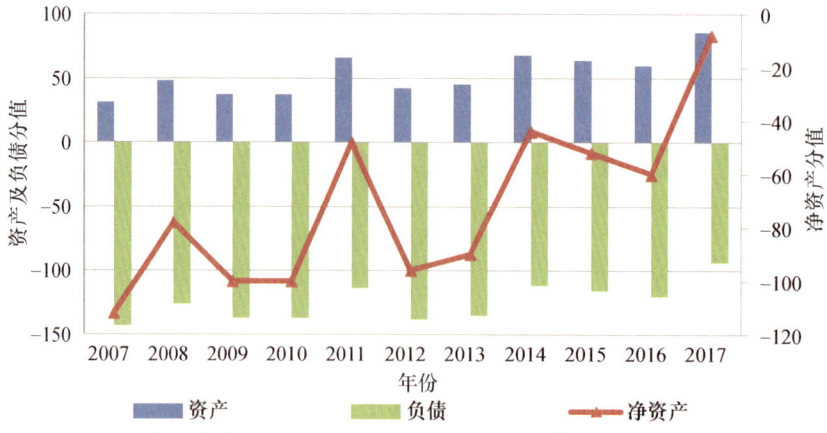

图 5.106 新疆气象人才资源可持续竞争力资产负债示意（2007—2017 年）

第 1 章
气象人才资源可持续发展面临的挑战

21 世纪初,中国气象事业按照建设"一流装备、一流技术、一流人才、一流台站"的要求,不断提高业务水平和社会服务能力,建设具有世界先进水平的气象事业现代化体系,实现从气象大国向气象强国转变。

6.1 新时代气象人才资源面临的新形势

通过对 2007—2017 年我国气象人才资源可持续竞争力的评估，总体认为：气象部门不断实施气象人才强局战略，深化选人用人制度和分配制度改革，在人才培养上，坚持了以人为本的科学发展观，实施人才强业战略；以培养高层次、高技能人才为重点，建设了一支专业齐全、梯次合理、素质优良、适应事业快速发展需要的气象科技人才队伍，造就了一批具有一流水平的高层次人才和熟练掌握一流技术装备的高技能人才；加强教育培训工作，围绕人力资源能力建设，实现人力资源向人才资源转化，逐步壮大了人才资源储备；确立了以人为本、人才第一的观念，加强气象人才体系建设，把气象人才资源开发工作摆到了重要位置，使我国气象事业发展人才结构持续优化，气象队伍综合素质显著提高。但也发现我国气象人才资源可持续发展仍面临许多挑战，新时代对气象人才资源提出新要求。

6.1.1 必须坚持服务国家服务人民

新时代气象人才资源配置，必须坚持服务国家服务人民这个根本方向。这既是新中国气象事业 70 年取得历史性成就的基本经验，又是新时代党中央对气象事业发展和气象人才提出的新要求，是气象事业发展必须长期坚持的根本遵循和方向。

服务国家服务人民的根本方向，要求气象人才资源发展始终坚持党的领导，以习近平新时代中国特色社会主义思想为指导，坚持在贯彻落实党中央重大决策部署中发展气象事业，确保中国特色社会主义制度的显著优势转化为气象事业发展成效，确保党和国家重大决策部署、重大战略推进、重大工作安排都能全面落实到气象事业发展的全过程、各领域。所有气象人才都必须坚持以人民为中心的发展思想，把不断满足人民群众日益增长的美好生活需要作为自身努力工作的根本出发点和落脚点，通过自己的贡献让人民群众有更多、更直接、更实在的气象服务获得感、幸福感、安全感。

6.1.2 必须在保障生命安全、生产发展、生活富裕、生态良好中显示作为

气象工作关系到生命安全、生产发展、生活富裕、生态良好战略判断，充分体现了坚持新发展理念、推动经济社会高质量发展对气象工作的根本要求，赋予了气象人才资源新的历史使命。

气象人才资源是党的人才资源在气象领域的具体体现，气象工作关系生命安全、生产发展、生活富裕、生态良好的战略定位，要求所有气象人才深刻领会气象事业是服务人民群众、服务经济社会各行各业的基础性事业，必须始终坚持趋利避害并举，在国家发展进步和保障改善民生中发挥重要作用。气象人才资源建设，一定要围绕保障生命安全，加强气象灾害监测预报预警，健全总体国家安全气象服务体系进行科学配置；要围绕保障生产发展，主动服务和融入现代化经济体系，做好气象人才资源建设；要围绕保障生活富裕，发展公共气象，服务保障改善民生，助力脱贫攻坚，充分发挥气象人才资源的作用；要围绕保障生态良好，加快构建覆盖多领域的生态文明气象服务保障体系，有力推动环境改善、生态修复，不断优化气象人才资源专业和知识结构，为建设美丽中国做出更大贡献。

气象人才必须在气象防灾减灾第一道防线中充分发挥作用。习近平总书记把保障生命安全位列气象工作战略定位之首，充分体现了气象防灾减灾是国家综合防灾减灾救灾不可或缺的重要力量。气象人才资源建设，就是要在发挥气象防灾减灾第一道防线作用中显示作为。气象工作在气象防灾减灾中的地位，即气象监测预报预警在综合防灾减灾中的消息树作用，在灾害风险管理中的支撑作用，气象服务在应急救援中的基础保障作用，在突发事件预警发布中的综合枢纽作用，要求气象人才资源建设必须主动融入国家自然灾害防治体系建设，在着力构建气象灾害监测预报预警、预警信息发布、风险防范、灾害应急管理四大体系中显示作为。

气象人才应在满足经济发展和社会需求中充分发挥作用。气象工作在国民经济和社会发展中的作用越来越凸显。气象事业涉及国民经济、社会发展和国防安全等各个领域，党的十九大对应对气候变化、气象防灾减灾提出了新的更高要求。21世纪的气象事业更加注重以需求为引领，注重与经济社会发展相融合，对各级领导干部和管理人员的能力素质提出了新的更高要求。这些新的要求对气象人才

培养提出了新的挑战。随着社会发展和人民生活水平的不断提高,社会对气象服务的需求越来越高。适应新形势,满足新需求,关键在培养一支高素质的气象专业人才队伍。重视人才,尤其是专业技术人才,促进气象服务的进一步发展将是新时代永远的课题,从而为社会提供全面、优质的服务,为社会发展做出更大贡献。

6.1.3　必须在加快建成气象强国的战略目标中显示作为

气象发展要为实现"两个一百年"奋斗目标、实现中华民族伟大复兴的中国梦作出新的更大的贡献,这是以习近平同志为核心的党中央对气象工作作出的重大决策部署,揭示了气象事业具有鲜明的政治性、基础性和前瞻性。

气象人才资源建设,必须紧紧抓住新发展理念推动气象事业发展,以创新驱动和改革开放为两个轮子,在更高水平气象现代化建设中提供智力支撑。气象人才资源建设,必须适应新时代我国社会主要矛盾的发展变化,坚持以人民为中心,发展人民满意的气象现代化;必须适应国家战略体系的成熟定型,坚持服从服务国家重大战略,发展保障有力的气象现代化;必须适应以信息技术为代表的现代科学技术的发展进步,坚持走自主创新的发展道路,发展技术先进的气象现代化;必须适应高质量发展的需要,深化气象重点领域改革,发展更有活力的气象现代化;必须适应构建人类命运共同体的需要,加快构建气象全球监测、全球预报、全球服务新格局,发展更加开放的气象现代化。

6.1.4　必须在科技创新、做到监测精密预报精准服务精细中显示作为

监测精密、预报精准、服务精细是做好气象服务保障的必然要求,加快科技创新是实现这一战略任务的根本途径。

气象人才资源建设,必须面向国家重大战略、面向人民生产生活、面向世界科技前沿,把科技创新摆在核心位置,着力健全气象科技创新体制机制,着力培养造就一大批具有光荣优良传统的各类气象科技人才和科技创新团队。气象技术装备人才资源建设,必须围绕监测精密,着力发展全时全域全要素的综合气象观测,提高气象观测智能化和装备国产化水平,做到重大灾害性天气监测不漏网;

气象预报预测人才资源建设，必须围绕预报精准，着力发展以数值预报为核心的智能预报预测，努力提高气象预报预测的准确性、提前量和精细化水平，做到重大灾害性天气不漏报；气象服务人才资源建设，必须围绕服务精细，着力发展智慧气象服务，努力将精密监测、精准预报按需供给决策者、生产者和广大人民群众，做到重大气象灾害保障服务零失误。

6.2 新时代气象人才资源面临的新问题

党的十八大以来，党中央对党和国家各方面工作提出了一系列新理念新思想新战略，推动党和国家发生历史性变革、取得历史性成就，中国特色社会主义进入新时代。党中央、国务院对做好新时代的气象工作提出了新的更高要求，全面落实党中央提出的要求，气象人才资源面临多方面的新挑战。

6.2.1 气象人才资源面临的主要问题

全面推进气象现代化，关键在科技，根本在人才。气象发展必须拥有一大批具有国际水平的高层次创新型人才，必须拥有整体素质很高的气象人才队伍。面对党和国家领导人对新时代气象工作提出的更高要求，面对全面深化气象改革、全面推进气象现代化建设的紧迫需求，面对国际国内高层次人才竞争日趋激烈的严峻形势，气象人才资源面临以下主要问题。

6.2.1.1 气象现代化关键领域领军人才资源存在短板

尽管我国气象事业在过去取得了长足发展，在一些领域，如气象卫星，正在由"跟跑者"变成"同行者"，但是，气象科技创新的基础还不够牢固，创新水平还存在明显差距。在有的领域与发达国家的差距不仅没有缩小，可能还在扩大。同时，国家防灾减灾、应对气候变化、生态文明建设等要求气象业务服务领域不断拓展和深化。气象人才资源结构性不够合理的矛盾凸显，特别是在数值预报、现代气象资料综合业务等代表国家气象现代化水平的核心业务和关键技术领域，领军人才紧缺，能够把握核心领域科技发展方向、有一定国际影响力的战略科学家更少。

从气象高层次人才资源数量分析，全国气象部门两院院士仅有 8 人，入选国家级人才计划和工程的高层次人才、青年拔尖人才数量也不多。在气象事业发展的关键领域，现有人才只在某一方向较为突出，综合性领军人才较紧缺。另外，现有高层次人才在国内外的影响力还不够大，与国际水平仍然存在较大差距，实行院士退休制度以后，在职院士更少。气象部门推荐的国家级科技创新领军人才、青年拔尖人才等入选率也不够高。现有高层次人才不仅数量少，而且整体水平和科技影响力、竞争力也有待提高。

6.2.1.2　气象人才竞争面临国际国内双重压力

当今世界，人才日益成为事业发展的首要资源。人才无疆界，人才全球化、人才加快流动的趋势方兴未艾。近年来，部门之间的人才竞争压力也在不断增大，气象部门高层次人才面临引进较难和不断外流的双重压力。目前，气象部门引进高层次人才资源较难实现，甚至还出现了流动到中国科学院和高校的现象。此外，在气象部门内部，不同区域之间也存在人才竞争压力，特别是西部地区、经济落后地区的高层次人才有向东部地区、经济发达地区单向流动的倾向，吸引人才较难，留住人才也困难，使本就缺乏高层次人才的西部气象部门面临更大的人才竞争压力。

6.2.1.3　教育培训能力与队伍整体素质提升的需求还不相适应

受高等教育体制改革和高校管理体制改革的影响，大气科学类专业高等教育与新时代现代气象业务发展不相适应。现代气象业务发展急需的学科建设越来越弱，如大气探测、数值预报、农业气象、环境气象、气象服务、人工影响天气、专业气象等学科建设滞后，人才培养数量明显不足。高校和科研院所培养的气候专业研究生数量较多，但天气专业的气象人才不足，如南京信息工程大学大气科学学院研究生导师中仅有1/4的研究方向为天气学。现有大气科学类专业开设的专业课和专业基础课比例偏低，课程及内容深度不够、更新滞后，应届毕业生的岗位适应能力差距较大。气象高等教育的脱节给在职培训带来的"补课"任务越来越重。

近年来，国家级培训学院和7个培训分院的建设取得较好进展，但仍不能满足需求，如一些关键区域和特色培训领域还没有建成培训分院。中共中央《干部教育培训工作条例（试行）》和《2018—2022年全国干部教育培训规划》明确提出了干部分级分类参加脱产培训和网络培训的量化指标，据此测算，全国气象部门培训任务十分艰巨。发展县级综合气象业务要求综合业务岗位人员一岗多责、一人多能。这种新型的事业发展结构对现有人员基本素质提出了很高的要求，人才综合能力提升面临较大挑战，从而对人员培训提出了很大的需求。但目前省级培训机构不健全，17个省（区、市）气象局没有独立设置培训机构。同时，现有培能力不足,特别是专职师资队伍难以承担高水平培训任务的需要。

6.2.1.4 气象人才队伍的专业结构仍不理想

当代大气科学发展越来越综合化,与其他学科的交叉和渗透更加明显,除了与基础性的数学、物理、化学等学科交叉以外,又与地理、水文、海洋、环境、生态、信息、管理等学科交叉,催生出许多新的学科领域,涵盖了自然生态系统和经济社会系统的诸多方面。尤其是计算机学科的发展,对数值模拟、数值预报产生了深远影响,使大气科学的研究和预测更加趋于客观化和定量化,国际上已逐步建立了空天地一体化的多圈层地球系统各要素的综合观测体系,各个国家发展了高分辨率多尺度的耦合物理、化学、生态等多种过程的地球系统模式。云计算、大数据、物联网、移动互联网、人工智能等技术得到广泛应用,促进气象学、水文学、生态学、地理学、环境科学等多个学科交叉融合,地球科学系统不同学科的交叉研究已成为国际重大研究计划的核心内容。

当前气象行业人才资源的专业约80%集中在大气科学类,环境科学类、法律类、科技类等拓展业务服务领域的人才不足,复合型气象人才资源难以满足气象事业发展的需要。而随着大气探测自动化、精细化三定预报、智慧气象等业务的正式实施,气象部门高素质、复合型人才缺乏的矛盾日渐凸显。

6.2.1.5 气象人才资源所处的工作环境仍需改善

当前制约高层次人才发挥作用的主要原因是工作环境问题。既有高层次人才缺乏适宜的工作平台和团队支持、工作不落地、有劲没处使的问题,也有身兼数职、分身乏术、不能集中精力做核心业务的问题;既有一些单位领导对高层次人才重视不够、尊重不够的问题,也有缺乏激励机制、人才稳定压力大的问题;既有考核评价机制不够健全、对不同岗位不同层次人才评价"一刀切"的问题,也有对人才过度管理、急功近利,束缚了人才积极性、创造性发挥的问题等。这些问题不同程度地存在,造成目前在实际工作中人才"不够用""不适用""不能充分使用"的现象同时存在,对一些真正想干事的优秀人才引进困难,即便引来了也留不住或难以真正发挥作用。

6.2.2 气象人才资源分布不平衡现象客观存在

气象事业要实现全面发展、协调发展,关键在于气象人才资源分布相对均衡与协调。但根据评估,由于受各种因素的影响,气象人才资源分布不平衡现象还比较明显，而且短时间内还将客观存在。

6.2.2.1 气象人才资源省域差异明显

根据各省份气象人才资源可持续竞争力指数与发展指数情况可以明显发现，受人才资源数量、结构、政策、环境等现实情况的影响，气象人才发展表现出显著的省域差异。我国气象人才资源可持续竞争力水平（2007—2017年）平均指数为27.45，最高的地区为上海市气象部门，其竞争力指数为57.78，最低的地区为四川省气象部门，其竞争力指数仅为17.08，气象人才资源可持续竞争力指数最低的地区不及最高地区的1/3，可见我国气象人才可持续竞争力的省域差距非常大。

6.2.2.2 气象人才资源区域发展不平衡

2011年，国家统计局根据《中共中央、国务院关于促进中部地区崛起的若干意见》、国务院西部开发办《关于西部大开发若干政策措施的实施意见》以及党的十六大报告精神，将我国的经济区域划分为东部、中部、西部和东北四大地区。根据此划分方法，从人才竞争力指数和资产负债两方面对我国气象人才资源可持续竞争力的区域平均发展情况进行对比分析。分析结果显示，东部地区的气象人才竞争力指数、净资产与净资产率均最高，东北地区次之，西部地区最低（图6.1、图6.2）。虽然目前已有多项政策向发展水平低的地区倾斜，但东部地区气象人才资源的可持续竞争力仍远远高于其他3个地区。

根据地域分布变化趋势分析，近年各区域高层次气象人才资源均有较快增长。

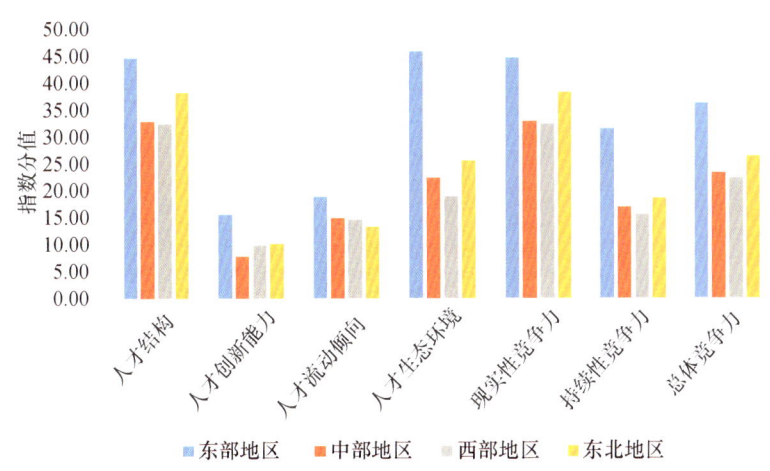

图6.1 区域气象人才竞争力指数柱形示意（2007—2017年平均）

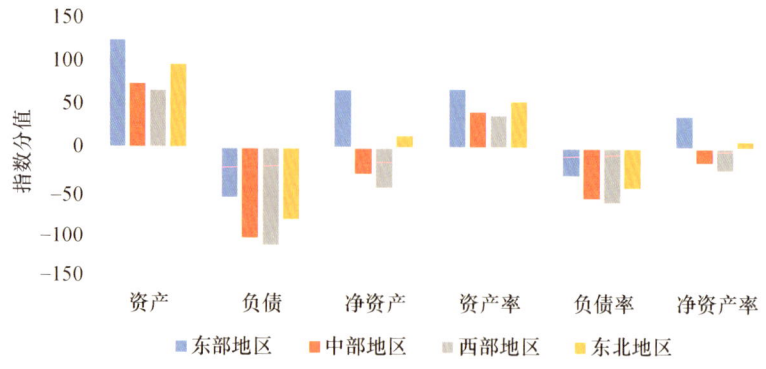

图6.2　区域气象人才竞争力资产负债柱形示意（2007—2017年平均）

从近5年高层次人才的地域分布看（图6.3），高层次人才数量在西部地区增长最多，2014—2018年高层次人数占全国编内人员总数的比例由5.17%增至7.05%，增长了1.88个百分点；高层次人才数量在中国气象局直属单位的增长最少，2014—2018年高层次人才占全国编内人员总数的比例由2.12%增至2.6%，仅增长了0.48个百分点。

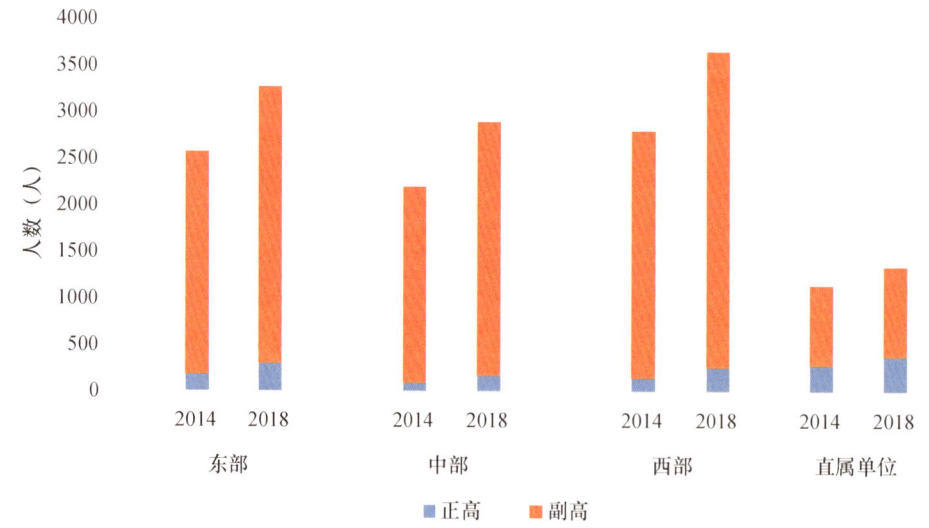

图6.3　高层次气象人才地域分布变化趋势

据统计，正高级职称人员在各区域的分布逐步均衡，从正高级职称人员占高层次人才总数的比例来看，2014年，中国气象局直属单位高达40.06%，东部地区为25.91%，中部地区为13.17%，西部地区为20.87%，中国气象局直属单位与东、中、西部地区的正高级职称人员分布结构比约为3∶2∶1∶1.6；2018年，正高级职称人员占高层次人才总数的比例，中国气象局直属单位为34.11%，东部地区为27.25%，中部地区为15.49%，西部地区为23.15%，中国气象局直属单位与东、中、西部地区的正高级职称人员分布结构比为2.2∶1.8∶1∶1.5。

副高级职称人员在各区域的分布变化较为平稳，主要集中在东部和西部地区。2014—2018年，副高级职称人员占高层次人才总数的比例，东部地区为29.38%，中部地区为27.13%，西部地区为33.13%，中国气象局直属单位的比例最小，约10.36%；2014—2018年，副高级职称人员占高层次人才总数的比例，中部和西部地区分别增长0.77个百分点和0.68个百分点，东部地区下降0.31个百分点，直属单位于2018年收紧较明显，下降1.14个百分点。

从气象部门高层次人才总资源区域分布分析，占气象部门全国编内总人数6%的中国气象局直属单位，其高层次人才占全国气象高层次人才的40%；占总人数26.7%的东部地区拥有高层次人才的24%；占总人数41%的西部地区，其高层次人才只占20%。由此可见，国家级单位、东部发达地区对高层次人才的吸引力更大。

6.2.2.3　县级基层气象人才资源质量有待提升

从图6.4可知，近5年国家级、省级、地市级和县级气象单位的高层次人才均有较大增长，其中省级气象单位增长最多；高层次人才占全国编内人员数量占比增长最快的是省级气象单位，增长了1.9个百分点，占比增长最慢的是国家级气象单位，增长了0.66个百分点。

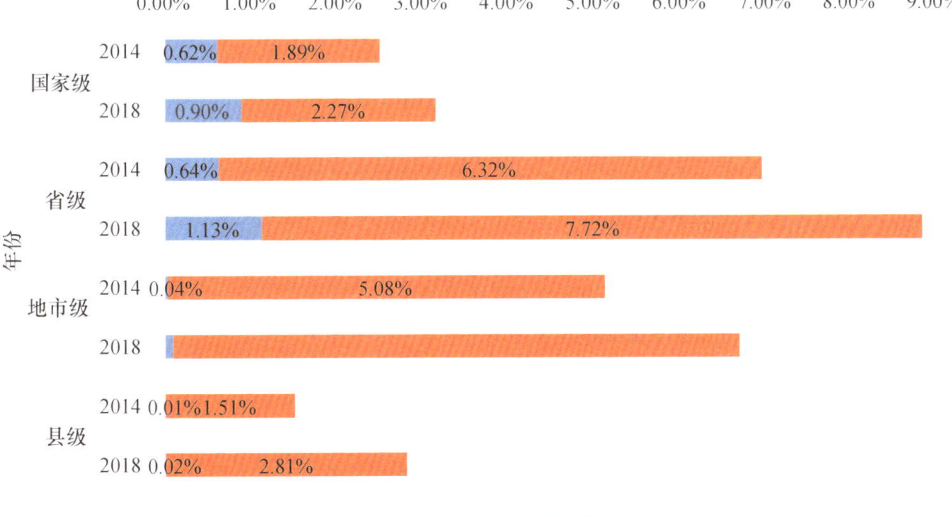

图6.4　高层次气象人才层次分布变化趋势

正高级职称的人才主要集中在国家级和省级气象单位,且在全国编内人员中占比相当。地市级和县级气象单位的正高级职称人员很少,尤其是县级气象单位,2014—2016 年一直仅有 6 名正高级职称人员,2017 年增至 7 名,2018 年增至 10 名。但地市级气象单位正高级职称人数增长最块,2014—2018 年由 24 人增至 56 人,增长率达 133%。

副高级职称的人才主要集中在省级和地市级气象单位,在全国编内人员中均占比 6%~7%。2014—2018 年,省级、地市级和县级气象单位的副高级职称人数在全国编内人员的占比增幅较一致,分别是 1.41%、1.5% 和 1.3%,国家级气象单位的副高级职称人数在全国编内人员的占比增幅最小,仅为 0.38%;从人员增量上看,2014—2018 年,省级和地市级气象单位副高级职称人数增幅分别为 17%、24%,县级气象单位副高级职称人数增幅最大,为 79%,但县级气象单位的高级岗位需求仍有较大缺口。

6.2.3 气象人才资源竞争力不够强

目前,气象人才资源既存在数量、质量问题,也存在实现竞争能力和持续竞争能力问题,根据评估,省份之间差距较为明显。

6.2.3.1 气象人才资源可持续竞争力增长速度差异较大

根据气象人才资源可持续竞争力发展指数评估结果,测算出各单位 2008—2017 年气象人才可持续竞争力平均发展速度(图 6.5)。根据测算结果可以看出,青海省气象局人才资源平均发展速度最高,为 18.93%,而最低的四川省气象局平均发展速度为 6.44%,两者相差近 12.5 个百分点。气象人才可持续竞争力发展指数与平均发展速度均显示出各单位气象人才可持续竞争力发展态势存在较大差异。一些经济欠发达地区由于人才基础薄弱、政策倾斜等因素导致发展速度非常快,但仍有部分地区由于人才基数大、政策倾斜未能兼顾等原因导致人才资源发展缓慢。

6.2.3.2 气象人才可持续发展质量差异显著

人才的高质量发展对于一个单位的人才稳定度、工作效率、事业规划具有重要影响,发展前景、管理体制、工作环境等都是影响人才发展质量的重要因素。当前,我国气象事业处于高质量发展阶段,需要更多高质量人才投身于气象强国的建设中。根据气象人才资源可持续竞争力质量评估,发展质量最高的北京市气

第6章 气象人才资源可持续发展面临的挑战

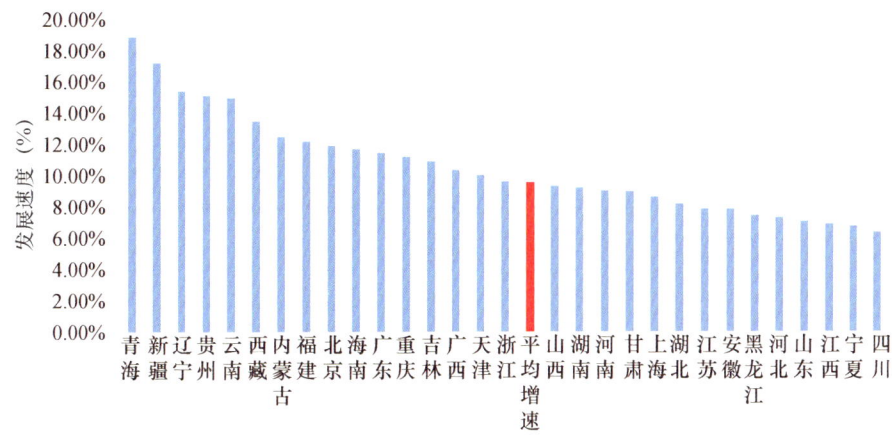

图 6.5　气象人才可持续竞争力平均发展速度对比（2008—2017 年）

象部门净资产率为 95.56%，发展质量最低的四川省气象部门净资产率为 −82.22%，由此可见，当前各地区气象人才的发展质量差异非常显著，部分单位的人才发展质量有待提高（图 6.6）。

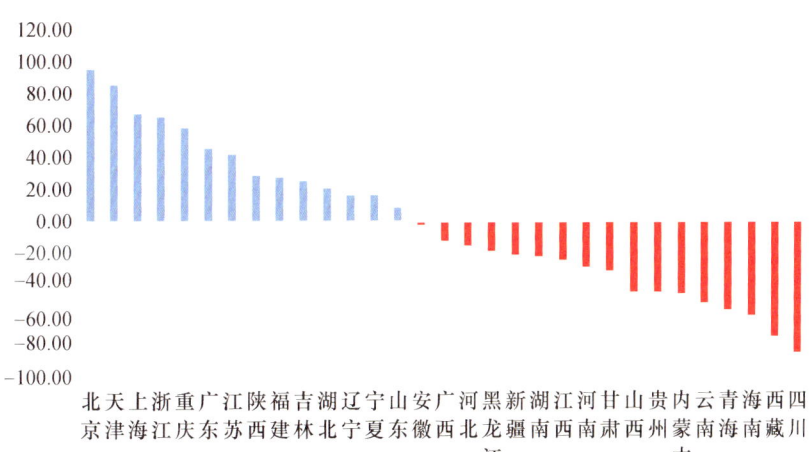

图 6.6　气象人才可持续竞争力净资产率示意

6.2.3.3　气象高层次人才的成长周期较长

人才的成长本身需要一个过程，高层次的专业技术人才从事的工作是一种长期性、开创性的活动，高层次人才的成长必然也需要一个较长的周期。分析气象部门副高以上高层次人才成长轨迹，通过对 955 人的工作经历分析发现，大多数人需要入职工作 10~30 年的积累，其中有 54.5% 的人需要 17~26 年的积累，从气象部门高层次人才的年龄看,约 2/3 的人集中在 38~47 岁,38 岁以前获得高级职称资格的人才中大部分是博士研究生(占 84.4%)。

6.2.3.4 气象人才成长机制有待完善

在现行制度下,所有的气象人才都与相应岗位相联系,岗位成为人才成长和进步的关键平台。但是,在岗位设置方面,部分单位不同程度地存在因人设岗现象,岗位职责和任务不够明确,大家更多地关注高等级岗位的数量,有些单位甚至未按要求建立起聘期考核和竞争上岗制度,有的单位则存在岗位干得好的上不去、干得差的下不来现象,影响了人才成长的生态环境。在职称评审方面,有的单位把关不严,有的单凭发表论文不看工作实绩,也有的单位领导行政资源和技术资源两边沾,在一定程度上产生了负面影响,影响人才成长环境。在创新团队建设方面,有的单位重团队数量轻团队质量,在已建的创新团队中,有的创新团队成为一种荣誉而没有实质性成果,不同程度地存在运行松散、带头人不积极、目标不明确、任务不具体、管理不到位等方面的问题。

6.2.4 气象人才资源互动与大数据时代不适应

传统的人才资源配置是指根据各岗位的任务要求,人才资源管理部门将员工分配到具体岗位上,赋予员工不同的职位以及相应的权力、职责,使他们进入工作角色,为实现组织目标发挥作用的过程。进入大数据时代,在保持传统的人才资源配置制度下,还必须进行人才资源配置制度创新,以适应大数据时代的人才资源配置规律。目前,以大数据时代变化审视气象人才资源配置,还面临一些新的问题。

6.2.4.1 对大数据时代气象人才资源配置研究不够深入

(1)大数据时代人才资源配置特征还不够清晰

受传统人才资源配置的影响,我国各系统的人才资源环境并不够宽松,社会保障机制还不够健全,传统的科层管理体制一时还难以突破,在机关和事业部门唯文凭、唯论文的氛围还比较浓,官本位思想也比较重,人才流动受到诸多限制,一些人才难以找到适合自己的岗位,优秀人才难以脱颖而出,从而导致了人才资源配置不够合理,也影响了人才结构的优化。大数据时代,人才资源配置尽管可能突破一些传统的障碍,但也受到大数据众创平台建设的限制,通过大数据众创平台配置人才资源的时代还没有到来。这种情况在气象系统人才资源配置中也不同程度地存在。

(2) 利用大数据调整人才岗位配置还尚未起步

在现行制度下，人才岗位匹配对于事业而言至关重要，它是事业单位对人才资源进行有效配置和合理使用的基础，单位要想高绩效产出就必须做到人尽其能、事得其才、才尽其用。但受用人习惯影响，事业单位在人员的岗位配置上存在"先来后到"惯性思维，各部门大都存在大材小用、小材大用、有材难用等能力与岗位不匹配的情况，有能力的人才可能被迫做着一般性的工作，没有能力的职员却身居高位，在一定程度上可能挫伤人才的积极性，进而导致人才流失。虽然在气象部门这种情况并不突出，但如何利用大数据技术突破人才岗位配置不合理仍值得探索，如改革气象预报视屏会商为网络记录会商，通过对每位参与者网络会商标准记录进行客观水平考评，并作为预报人才定岗定级依据，可能优于单纯以发表论文为依据。气象业务岗位、气象服务岗位和气象管理岗位都可以探索形成以大数据的方式对人才工作情况自动进行客观考评的机制，目前这方面的探索还比较少。

(3) 大数据时代人才观念有待创新

大数据时代是以人才为导向的时代，也是鼓励创新的时代，不能一味地因循守旧，应鼓励新生力量开拓思维、努力创新，具备探索精神和进取意识，既要仰望星空，又要脚踏实地。特别是对年轻科技人才，应给予更多的包容、支持与爱护，给他们更多的参与机会、发展机会。长期以来，有许多人认为气象部门是一个气象业务部门，确切地讲，气象部门应是一个气象信息科技业务部门，在大数据时代需要探索、创新的内容非常多，年轻的气象人才资源具有无限的创造力，气象人才资源管理应当树立这样的观念。

6.2.4.2 分单位式气象人才资源配置存在较大局限性

当前，社会发展已经进入大数据时代，气象信息化正在以人们难以想象的速度发展，信息化发展可能带来气象人才资源配置的重大变革，并已经出现新的趋向。

(1) 信息化时代对气象人才资源配置带来新挑战

其一，基层气象人员的岗位技能不适应会更为明显。在传统气象技术条件下，地县级基层气象职业人员具有上级气象部门和域外气象人员不可替代的作用。当时地县级气象预报的准确性、及时性和保障性一般优于上级气象部门，而且分布广泛的人工气象观测也主要在地县级。在气象信息化高度发达的今天和未来，气象观测实现了从采集、传输到汇集和处理的全程自动化，国家级气象预报可定点到县市级以上，省级气象预报可以定点到乡镇级，基层气象技术保障也在探索通过社会化途径实现。气象信息化的这种发展趋势，已经对地县级传统的气象业务和职业分工构成挑战，地县级气象机构职能已面临调整，基层传统的气象职业分工就面临变革的选择，相应人才资源制度面临重大改革。但从基层气象部门的反映来看，目前对这种变革的挑战预计明显不足。

其二，气象预报员作为气象工作的核心职业岗位也面临变改。一直以来，气象预报业务都是气象部门的核心业务，相应的气象预报员就是各级气象部门核心的职业岗位。但是，随着数值天气预报的发展和互联网气象的出现，地县级气象预报员的职能和作用已经开始受到影响。在传统技术条件下，按照气象台站预报职能的分工，地县气象台站预报员作订正气象预报，这说明地县级应高于省级和国家级的气象预报准确率，如果只是相同或者低于就没有必要作订正气象预报。随着数值天气预报的快速发展和技术水平的提高，与上级台站气象预报准确率相同或者低于的情况已经在许多地方出现。这实际上已经对地县气象预报员岗位职能提出了挑战，这种挑战还会向省级气象台延伸，那么省级以下气象人才资源配置如何适应这种变化，就是一个不可回避的时代问题。据统计，2009年，全国地县级气象台站气象预报员有3800人，占当年全国气象预报员总人数的77%。随着数值天气预报和互联网气象的发展，这批人才队伍可能需要整体转变为气象预报服务员，或转为开发专业气象预报服务产品人员，相应的人才资源面临调整。

其三，气象人才均面临能力提升的压力。气象信息化发展要求气象队伍整体进行知识更新，并不断调整落后于气象技术发展的气象生产关系。气象信息化发展使气象业务服务运行将实现高度的集约化、自动化和智能化，以传统气象观测为代表的人工值班岗位、一般性气象服务和气象信息转发传播岗位将会大为减少，在省级以下气象部门这类人才资源预计占60%左右，在县市级气象部门所占比例更高。如果气象职工不提升相应的信息化能力，就不可能结合实际开发应用性的气象服务产品和气象技术产品，那么许多人员只能承担一些简单的值守班任务，这就难以适应气象信息化发展要求，就可能被信息化发展边缘化。如取消人工气象观测以后，一些基层气象台站气象观测员由于信息化能力不足，已经难以适应综合化业务岗位的要求。随着气象信息化的进一步发展，这种情况还会在省级和地市级气象部门出现。

其四，传统气象人才资源职业岗位设置面临重新调整。在传统技术条件下，气象部门业务岗位主要是根据气象业务流程而设置岗位分工，如在省地级气象部门，20世纪80年代的气象岗位分工为气象观测员—气象报务员（气象通信与机务员）—气象填图员—气象资料员—气象预报员；20世纪90年代中后期的气象岗位分工为气象观测员—气象通信员（网络维护员）—气象资料员—气象预报员—气象服务员。进入21世纪，传统的岗位分工已明显不适应气象信息化发展要求，特别是在气象数据采集、传输和处理实现自动化以后，必然要求对传统的气象岗位分工进行结构性调整，气象数据开发、气象预报模式研发、气象预报服务产品研发、气象专业服务产品研发、气象信息加工、气象评价评估等均成为气象部门的主要职业岗位，面向用户采集需求与跟踪提供气象服务均成为最重要岗位，气象业务运行维护则成为一般性普通工作岗位。

（2）对信息化时代气象人才资源变化预估不足

其一，对信息化发展促进气象人才资源总量变化缺乏预估。对于气象信息化发展对气象队伍总量影响的认识不够清晰。20世纪80—90年代认为，气象现代化将代替大量手工劳动，气象队伍总量应当减少，根据1999年气象定岗位设计黄皮书规定，省级以下气象部门人员在原有基层上应减少30%。但是，经过21世纪初近15年的气象信息化发展，气象队伍总量并没有按照当初设计的要求减少，而是增加了近40%（包括编外气象人员），在基层甚至普遍感到事多人少的矛盾十分突出，均要求扩大编制，增加队伍总量。

从气象信息化发展趋势分析，气象人才资源总量还将继续增加。因为气象服务业尚处于初级发展阶段，气象服务市场如果全面开放，一方面，大量的公共气象职能增加，基层气象部门就会面临事多人少的情况，必然会增加人才资源；另一方面，随着气象服务市场的培育和形成，社会参与气象服务的就业人员会随之增加，社会气象人才资源总量必然还有一个增长的过程。

其二，对信息化发展促使社会人才资源参与气象服务业缺乏准备。从气象信息化发展实际情况分析，随着气象观测自动化全面实现，一些过去主要依赖气象部门提供气象观测资料的行业和部门，一方面可以自建满足自己所需的观测站点，另一方面利用气象部门开放的公共气象数据，在此基础上可以生产本行业本部门所需的气象服务产品，实际上就部分地参与了气象服务业分工，在我国出现这种情况既有技术原因，也有体制因素。

一些传统媒体、新兴媒体和新兴信息类企业，利用自身优势，参与气象服务产品制作与加工，这种情况已经全面出现。易观千帆的抽样数据[①]显示，2019年，

---

① 易观千帆：大数据分析公司，成立于2000年。其提供的数据覆盖国内网民99.9%的APP活跃行为，涵盖45个领域，约314个行业，超过5万款APP。

在全网314个行业中,天气APP排名第31位;在实用工具行业的15个类别(包括搜索、日历、语音助手、网址导航等)中,天气类APP排名第2位。

2014年,中国气象局制定实施了《气象服务体制改革实施方案》,明确提出了支持和鼓励企事业单位和其他社会力量以及公民个人组建气象服务企业和非营利性气象服务机构;培育和发展气象服务市场中介机构,开展气象服务知识产权代理、市场开发、市场调查、信息咨询等专业化、社会化服务;鼓励和引导各类市场主体参与气象服务产品市场和气象服务技术、资本、人才、信息、产权、版权等要素市场竞争。这既说明社会人才资源参与气象服务业的总体政策已经明确,也说明随着社会信息化技术发展和国家深化服务业改革,社会力量参与气象服务业将成为大趋势。省级以下气象部门如何适应气象服务业发展的这种变革,就目前来说,无论在政策层面,还是在操作行动上,其实质性准备都还不足。

其三,对信息化促进气象人才资源流动新趋向把握不准。一般来讲,从事信息类行业人才的稳定性低于其他行业的专业技术人才。随着气象服务业市场的开放,在一些专业性气象服务企业出现以后,气象信息类的技术人才流动性将会明显增加,也会出现一定程度上的气象信息类技术人才竞争。在气象服务业市场尚未开放的阶段,气象信息类和气象科研人才的流动还主要限于体制内,选择在地区和单位之间流动。但是,在气象服务业市场开放以后,流动和竞争就可能突破这种体制内的选择,出现从体制内向体制外流动的情况。

互联网气象是一个开放的、没有边界限制的信息服务业系统。由于信息化的快速发展,目前社会劳动者正在发生新的变化:其一,兼职从业大量增加,互联网办公为信息类人才同时服务于几个单位或公司提供了可能,"不求所有只求所用"已经成为许多信息类单位或企业的重要思想;其二,阶段性职业从业者大量出现,由于一些单位或企业的某些项目或任务具有临时性特点,这为个人多元兼业提供了更多机会;其三,"移动办公""网上就业"的大量出现,由此形成了比较宽松的工作环境,工作方式也更加灵活,在信息网络条件下办公,已经完全不受时间和空间限制,从而为信息类小时工、临时工、兼职工提供了便利,为更多劳动者参与多元兼业创造了条件。随着气象服务业的开放和发展,气象部门的职业人员也可能出现多元兼业的现象,气象科研人员横向参与和承担科研任务已经说明这种趋势的发展。但是,气象人才资源管理制度如何适应这种变化,可以说目前还把握不准。

第1章
气象人才资源可持续发展战略选择

人才资源竞争的时代，有机遇，也有挑战，如何提升人才资源可持续竞争力已经成为各国或各区域、各组织决策层和研究者的中心议题之一，同时也日益成为各国或各区域、组织提高其综合实力的总体战略目标之一。气象人才资源是推动气象科学技术发展的根本力量，更是建成现代化气象强国的支撑。在新的形势下，必须通过各种途径、采取有效措施，积极致力于吸引人才、培养人才、使用人才，致力于提高气象人才资源可持续竞争力，真正为推动气象事业的高质量发展提供人才资源。

7.1 气象人才资源可持续发展战略思路

7.1.1 创新气象人才工作机制

人才资源建设关键是机制问题,只有改善人才政策环境,创新人才资源工作机制,才能从根本上营造有利于优秀人才大量涌现、人才资源效益充分发挥的良好氛围。

7.1.1.1 把党管人才原则具体化

对各级党委来讲,党管人才原则可以说就是管宏观、管大局、管战略、管政策;组织建立党管人才工作统筹规划、协调发展的新的管理机制,形成党委统一领导,组织部门牵头抓总,有关部门各司其职、密切配合的人才工作新格局。党管人才原则,既不是由各级党委包揽所有的人才工作,也不是由党委组织部门代替各有关部门的职能,而是在党委的领导下,组织部门、政府职能部门、人民团体、企事业单位和社会中介组织等充分发挥各自作用,对人才资源实行分层分类管理,重点是建立和完善适合党政人才、经营管理人才、专业技术人才等特点和成长规律、公平与效率相统一、激励与监督相结合、竞争与创新相促进的管理机制。坚持党管人才,党委和政府在其中主要是指导、协调和服务,制定和组织实施人才工作的中长期发展规划,建立和完善人才政策体系,用法制手段保障各类人才的合法权益,为人才素质的提高和作用的发挥创造更加宽松和谐的环境条件。

气象部门是一个人才资源密集的部门,如果只讲一般意义上的党管人才原则,就可能脱离气象部门人才建设的实际,因此必须具体化。气象部门各级党组(委)和有人事决策权(如部分气象单位党总支和县级气象局党支部)的党组织,对本级和本单位人才管理负有直接责任,都必须结合本级本单位实际,落实或采取有关人才管理与服务制度,使党管人才原则在本级本单位具体化。省级以上气象部门和司局级单位的党组(委)对人才资源结构优化、人才资源量配置、高层次人才资源质量和人才资源代际更新负有直接责任,解决这些问题必须有实实在在的政策和措施,对这些问题如果只满足于原则,就可能没有真正体现党管人才原则的精神,如目前部分单位一方面气象人才资源明显不足,另一方面又存在明显的国家气象编制空缺编问题，对此，相关司局级单位的党委（组）应认真研究具体措施，抓好人才政策的制定与落实。

地市级、县级气象部门和具体的气象单位的党组（委）及具有气象人事决议权的党组织，最重要的责任是发现人才、培养人才、用好人才、发展人才、关心人才、凝聚人才，让人才乐于奉献气象事业，让人才作用发挥最大化，让人才资源得到充分利用。如果一个具体的气象单位做不到这样，就说明这个单位的党组织对党管人才原则还是流于形式；如果一个具体的气象单位人才离散，大都没有进取之心，精神疲软，就说明这个单位的党组织没有遵循党管人才原则，尤其对新时代的人才管理工作可能不会做或做不到。

7.1.1.2 形成理情相融的人才管理机制

现在各级气象部门人才管理的规范越来越多，有的也越来越细化，包括人才录用、入职、培训、培养、考核、评价、晋升、晋级、选拔、任用、交流等环节，对人才管理的规范化和制度化发挥了作用，为各级人才管理提供了政策遵循，值得充分肯定。在人才管理中，如何体现以人为本、尊重人格、增强诚信、珍惜荣誉、人才有别等，在规范和制度中可能难以界定，但在具体的人才工作中，如何使这些内容机制化，可能将是人才工作的重点和难点。这也成为目前气象人才管理工作不可回避的问题。

这里所说的"理"就是指人才制度、规范和规则。从总体上讲，气象部门人才管理工作是《中华人民共和国公务员法》《事业单位人事管理条例》的执行部门，但由于气象部门垂直管理的特殊性，国家级和省级气象部门对相应的人才管理还有一定制定执行规范和制度的权限。对于全面性的人才管理必须要靠法规、规范和具体的制度，这是不可有任何质疑的。各级气象部门理所当然地应当遵照省级以上气象部门和国家人事人才制度执行。

就一个具体的气象单位而言，如果单纯依据这些规范和制度去进行人才管理，就可能难以达到预期的人才管理效果。因为在一个具体的气象单位，党的组织和领导干部面对的都是一个个很具体的人才个人，每个人才情况千差万别，在"理"的框架下，如果没有"情"的成分、没有"人格"要素，谈守摊子可以，讲人才作用的充分发挥可能就不够。在生产力要素中，"物件"是完全可以按照规范和规则运行的，"物件"效益的发挥完全取决于"规范和规则"的科学性和完善性，但"人才"并非"物件"般的生产力要素。因此，在生产力要素中，"人才"既需要"规范和规则"，又不完全取决于"规范和规则"，因为"人才"具有能动性、变化性和更多不确定性。有效发挥人才的能动性，必须要有"人格"和"情感"的双重参与。因此，对一个具体的气象单位而言，在遵循省级以上气象部门和国家人才规范、制度的前提下，形成结合本单位的以人为本、尊重人格、增强诚信、珍惜荣誉和人才有别的有效管理机制，成为摆在气象部门基层党组（委）和具有气象人事决议权的党组织面前最重要的任务。目前，各级气象部门管理干部大都以业务专业为背景，在新时代要建立形成这样一种理情相融的人才管理机制将是一项非常艰巨的任务。

7.1.1.3 创新人才激励机制

各级气象部门一直十分重视对人才的激励，从总体上已经建立了重实绩、重贡献、重创新的人才激励机制；建立了特殊人才津贴制度，吸引、稳定优秀人才；对于优秀人才在业务、科研项目以及出国（境）培训交流方面给予政策、资金倾斜和支持。在气象事业发展的不同阶段，这些激励机制对促进气象人才成长、充分发挥气象人才资源效益发挥了重要作用，有效激励了各类气象人才在推动气象科技创新发展中做出积极贡献。

进入新时代，气象部门内外部环境均发生重大变化，大部分气象人才的积极性、创造性和能动性也在发生转型。不可否认，一些传统的激励制度和措施对气象人才的激励还能发挥很大作用，还需要保持。但是，实践证明，气象人才激励机制正在面临创新，而且必须创新。因为职称、职务晋升、物质性激励总是有限的，而且也是有规则的，这些激励已经转化为气象人才本身的自激励，获得这些激励已经成为气象人才个体理所当然的目标。具体的气象人才个体如果获取不到这样的激励，可能反而成为管理者的责任和压力，基层气象部门的领导者就已经感受到这样的责任和压力。因此，新时代必须创新人才激励机制，应更广泛运用政治资源、人文资源、人际资源和无形资源，创建新的人才激励机制。

新的人才激励机制，主要针对具体的气象单位，应考虑创立包括参与做主人、机遇成就人、筑台发展人、信任亲和人、诚恳尊重人、情感打动人、互助鼓励人、真心理解人、团队不可缺一人等主要内容的新人才激励机制，这对具体的气象单位的党组织和领导干部提出了全新的工作要求。从某种意义上讲，基层气象单位的人才面貌更能反映该单位的党组织和领导干部的人才管理能力。大量实践已经证明，凡是党组织和领导干部人才管理能力强的单位，一定是人人想干事、人人能成事、人人都成才的单位。

7.1.2　营造气象人才资源环境

人才资源环境是指成就人才、吸纳人才、充分发挥人才作用的各种物质条件和精神条件的总和。如果按照物件和非物件划分,可以划分为硬环境和软环境,其中人才硬环境,主要包括由物质条件所构成的自然环境、基础设施环境、工作环境、生活环境等;人才软环境主要包括政治环境、经济环境、人文环境、社会环境等。人才资源的硬软环境,既可在地区范围内划分为人才所在单位之外的大环境和人才所在单位的小环境,又可在部门或系统范围内划分为人才所在部门或系统外部的大环境、部门或系统内部人才所在单位的小环境。

人才的成长与成功离不开与之相适应的环境,优良的环境必然有相应的人才支撑。人才是环境的主角,环境是人才的舞台,在一个环境中优秀和卓越的人才越多,人才环境就越好,其环境的价值就越高。一批优秀和卓越的人才,往往又能开创一个优良的人才环境,成就更多的人才,发展更辉煌的事业。相反,一个较劣的人才环境,不可能有更多的人才成长和成功;一个平淡的群体或领头人,也不可能创造优良的人才成长和成功环境。这就是人才与人才环境的辩证关系。

在现实环境中,有些领导者和管理者经常讲人才资源不足、人才缺乏、高端人才更是匮乏,当然这也可能是事实。但是,从人才环境学视角看,这不是人才本身的问题,而是应审视其相应的人才环境。说到人才环境,又有人会提到自然环境不好、经济条件差、社会大环境不利等因素,客观上应当承认这些环境因素对人才成长和成功确实存在一定的影响,但如果仅仅局限于这种认识,就说明在实际工作中,有的领导者和管理者还没有正确认识人才与人才环境的辩证关系,更没有开创优良的人才环境和成就更多人才的勇气和能力。

从目前的社会环境分析,一些企事业单位不够重视人才环境建设。一是领导者和管理者对建设良好的人才环境重视程度不够,对长期的人才谋划没有足够重视,忽视人才成长成功规律。在人才认识上,讲大道理多,讲落实少。在人才环境上,讲硬件多、讲形式多、讲物质激励多;讲软件少、讲内涵少、讲发展人实现人少。在人才关系上,讲竞争多、讲淘汰多、讲引进人才多;讲协作少、讲人人成才少、讲身边人能成才少。这种情况下,当然难以造就优良的人才环境。二是单位人才文化氛围不好,领导者和管理者可能有威严而没有威信,可能有权力但没有凝聚力;单位可能有人群但并没有群力,可能有人才斗争但没有人才进取斗志，这样的人才环境自然难以成就人才和发展人才。三是人才评价和任用不公平不公正，凭主观印象评价人才、任用人才，凭"死"规范选人用人，凭档案选人用人，用自我标准选人用人，凭学历经历年历选人用人，这样也难以形成优良的人才环境。四是重引进人才，轻培养人才、开发人才和存量人才，其实这也反映了人才领域的形式主义问题，为了改善结构和发展肯定需要引进人才，但是一个并非新成立的部门和单位如果不集中主要精力去带领身边的队伍，去培养人才、开发人才和激活存量人才，那就是本末倒置，不可能形成优良的人才环境。以上这几种现象，看似不同程度影响着一些单位人才的成长与进步，但实际上更加影响企事业单位自身的发展。

气象部门是一个人才高度密集的部门，一直有着良好的人才成长和发展环境，一代代一批批的气象人才成就了中国气象事业发展，使我国气象现代化实现了跨越式发展，在许多重大科学领域已经达到或接近世界先进水平。但是，也必须看到我国气象发展还存在不平衡问题，气象人才资源结构和分布依然需要不断改善，个别地方的气象单位内部还存在人才环境不良的问题。因此，营造优良的气象人才资源环境仍然需要引起高度重视。

气象人才资源环境有社会大环境、部门中环境和单位小环境之别。作为一个具体的工作部门和单位，人才资源状况当然会受到社会大环境的影响，但又不可能改变社会大环境。在这种形势下，气象部门应当着力保持和创建良好的部门中环境、卓越的单位小环境。具体可从以下几方面着力：

(1) 创建良好的气象事业人文氛围，增强人才的认同感

在部门在单位创建形成一种尊重知识、尊重技术、尊重人才的人文氛围，形成有利于各类气象人才发挥聪明才智的工作环境，使人才发展与事业发展形成共同的价值取向，让人才在部门在单位具有归属感、荣誉感、成就感、主人感和价值实现感，使每位人才自身潜力得到充分发挥，使部门使单位真正成为人才成长成功的环境舞台。这样的环境舞台不仅会使气象人才留得住，就是走出去发展了的气象人才也会回念和关心这个环境舞台，还会从不同角度为这个环境舞台做贡献，更有许多人才会流向这个环境舞台。

(2) 创立公开公平公正的评才选才用才机制

公开公平公正的人才评价机制是留住人才、调动人才积极性的最有效机制。一个部门一个单位如果形成了一种公开公平公正的人才环境，各类人才的选拔和任用真正做到公开透明，在科学评价的基础上，实现人尽其才、才尽其用、才尽

所能，其人才环境就净化了、卓越了，人人成才的良好氛围就形成了。这样的部门和单位就不会存在人才流失问题，只有人才得到更好更快更高的发展和取得更大的成功，才会吸引更多的人才资源涌入。

（3）帮助人才实现职业成长成功的心愿

每位人才都有实现自己职业成长成功的心愿，多数人才的这个心愿可能与部门和单位的事业发展完全一致，个别可能不完全一致。一致的，单位领导应全力帮助其做好职业规划，全力支持，帮助人才一步一步地实现心愿；不一致的，也应尽力给予帮助支持，给予充分理解，帮助不上的也要留有感情人情，为人才的回归留有余地，为人才的未来发展不留遗憾，因为人才还是国家之才。一定要避免对职业心愿与事业发展一致的人才不重视、不关心、不支持，甚至认为反正你"飞"不了；也要避免对个人的职业心愿与事业发展不一致的人才冷淡、阻碍甚至刻意为难，否则就会显得人才格局不高，没有把人才视为国家之才。

气象部门是一个垂直管理部门，具体的气象单位都是国家正式的职业单位，凡是进入部门和单位的人才，他们在部门和单位内的职业心愿都是可以帮助实现的。气象部门和气象单位的领导者与管理者，应主动了解人才的职业心愿，帮助其做好职业规划，正确处理好岗位与职业心愿的关系，支持人才在多岗位成长成功，支持人才在部门内向更上级的机构去发展，尽力帮助人才解决在实现职业心愿过程中可能遇到的困难。如果创造了这样一种人才环境，相信人才一定会安心工作，全力奉献于气象事业。

7.1.3 提升气象人才队伍质量

新时代的气象人才队伍建设，关键是提升人才队伍的整体质量。所谓人才质量，应是指人们经过后天不断学习和实践而形成的知识、文化、品质、能力以及潜能的总称。人才质量又可分为显质量和不可显质量，显质量即具有量化特征的质量，包括人才的学历、专业、职称、职务、成果、社会地位与获取的荣誉等；不可显质量即不具量化特征的质量，包括人才的实际能力、学习力、适应力、创造力、贡献力、品质力、情商力等。受社会大环境的影响，人们普遍重视和关注人才的显质量，一些领导干部和管理者所掌握和关注的往往也是人才的显质量。当然，人才的显质量非常重要，作为一个部门一个单位必须重视解决人才资源的显质量问题，一个人才显质量不高的部门和单位，从总体上其人才队伍的质量不可能太高。但是，在实际工作中，一个成熟部门和单位的人才显质量一旦形成，往往会保持相对的稳定性，其质量改变必然具有渐进性的特征，因为人才更新规律一般会受到人才周期律的支配。从这个意义上讲，提升人才队伍质量就需要时间和创造更多条件。作为一个有作为的领导者和管理者，既要重视人才的显质量，更要重视人才的不可显质量。"人人可以成才"的理念更强调人才的潜在质量，无论是具有量化特征还是不具有量化特征，所有人才都面临实际能力、学习力、适应力、创造力、贡献力、品质力的提升问题，这就是人才内在质量，而且人才内在质量的提升是无止境的、终身的。

根据以上分析，对气象部门和具体气象单位来讲，提升气象人才队伍质量，必须既重视人才的显质量，又重视人才的不可显质量。在气象人才工作实践中，不仅要不断优化人才学历结构、专业结构、职称结构、年龄结构、区域人才结构和层级结构，更要注重不断提升气象人才的政治思想素质、综合知识素质、能力素质、心理素质水平，把不断提升人才的实际能力、学习力、适应力、创造力、贡献力、品质力作为组织计划和人才个人共同奋进的目标。具体可从以下几方面着力：

(1) 不断强化继续教育理念

现今气象科学技术发展速度快，气象技术知识更新速度快，必须不断提高气象工作水平，这对气象工作者提出了更高要求，全员都面临需要参加培训、接受继续教育、不断提高自身能力的问题。教育既是消费更是一种投资，气象继续教育也是促进气象事业发展的一种基础性且具有长期效益的预期投资。以司局级领导干部培训为例，通过大规模培训，司局级领导干部进一步强化了对气象事业发展形势的认识，加深了对中国气象局党组关于气象事业发展战略部署的理解，提高了领导科学发展的驾驭能力和执行能力，其培训效益也就在他们的工作中显现，而且这种效益具有长远的释放效果。气象人才是促进气象事业发展的根本，气象继续培训是解决气象人才问题的重要保障。

(2) 着力推进气象人才的终身教育

现在和将来，教育不再是某些杰出人才的特权或某一年龄的特殊活动，而是超出了传统教育的规定界限，在时间和空间上正朝着包括个人终身和全员教育的方向发展，终身教育已经成为学习化社会的基石。最初的终身教育仅仅是应用于一种较旧的教育实践，即成人教育的一个新术语，后来则逐步把这种教育思想应用于职业教育，随后又涉及整个教育活动范围内发展个性的各个方面，包括智力、情绪、美感、社会和政治的修养。在终身教育的倡导者看来，教育是一个终身的过程，不是在正规学校教育之后便告终结，而是向受教育者提供各种可供选择的教育方法。各级气象部门的所在单位，应结合本单位人才资源实际，推动和促进人才的终身教育，并为人才终身教育创造所有条件。互联网大数据时代已经为基层气象单位人才终身学习创造了卓越条件，关键是所在单位应当建立长效终身教育机制。作为人才个人更应注重自身的终身学习与自觉接受培训教育，克服唯学历和职称评价能力的局限，真正成为一位终身学习、与时俱进的人才。

(3) 着力推进全员质量提升教育培训计划

长期以来，气象部门的继续教育培训在全员培训理念上还存在较大差距，总体而言，对气象业务骨干、科研骨干、管理骨干的培训非常重视，对一般人员的培训不够重视；对省级以上气象部门人才培训非常重视，对市县级气象人员的培训不够重视，对行业气象人员、地方气象人员和编制外气象员考虑更少。由于长期存在培训机遇不均的问题，从而造成处在不同层级的气象工作人员，即使学历相同、专业相同，其工作能力和水平也会相差甚远。目前，在基层气象部门有相当一部分人员存在气象科技能力不适应问题，可以说与长期参与继续教育培训不足有关。因此，为适应当前气象科技的快速发展，必须树立全员培训理念，尽量建立形成包括系统外上级组织的培训、部门内气象管理人员培训、专业技术人员培训、基层人员培训等在内的全覆盖、多层次的培训体系。具体气象单位应把全员人才培训纳入年度工作计划，把培训学习时间纳入工作日时间。作为人才个人，应主动参加学习培训，主动提出自己能力培训的目标和内容，主动提升自身的综合能力和水平。

(4) 着力推进气象人才政治思想素质的提升

当今世界，科学技术突飞猛进，气象科技国力竞争日趋激烈，而气象科技的国力强弱越来越取决于气象人才资源的素质，取决于各类气象人才的质量和数量。这对培养和造就我国21世纪的气象人才提出了更为迫切的要求。加快把我国建成气象强国，不仅需要高度的气象科学技术水平和物质文明，还需要高度的社会主义精神文明。习近平总书记提出，希望"广大气象工作者要发扬优良传统，加快科技创新，做到监测精密、预报精准、服务精细，推动气象事业高质量发展，提高气象服务保障能力，发挥气象防灾减灾第一道防线作用，努力为实现'两个一百年'奋斗目标、实现中华民族伟大复兴的中国梦做出新的更大的贡献"。气象人才资源建设必须重视气象人才政治思想素质的提升，必须以习近平新时代中国特色社会主义思想为指导，增强"四个意识"，坚定"四个自信"，做到"两个维护"，深入贯彻新发展理念，使所有气象人才具有崇高的理想信念，做到坚持弘扬"准确、及时、创新、奉献"的气象人精神，不忘初心、牢记使命，认真履行职责、努力工作，以实际行动献身于祖国和人民，献身于所从事的崇高气象事业。

7.1.4 发挥气象人才使用价值

人才的价值在使用。任何资源的利用离不开有效的配置，人才资源的有效配置直接关系到人才价值的发挥，关系到人才效益的提高，为充分发挥人才资源的使用价值，应不断优化人才资源群体结构的配置，更好地发挥每位人才的作用，放手使用人才，释放人才价值。气象部门是一个人才高度集中的部门，所有气象单位大都集中了以气象专业为主体的气象人才队伍。因此，发挥气象人才使用价值，将是实现人才资源建设的根本目标。从目前气象单位释放人才使用价值形式看，可从以下几方面着力：

(1) 合理进行岗位设置管理

科学设置各级各类岗位及上岗标准，引导人才合理流动，通过全方位剖析人才个体的整体素质，形成人才的优势互补，调整和充实关键岗位的急需人才，优化配置人才资源，提高工作效率。

(2) 着力建设骨干人才队伍

注重培养和造就具有竞争力的业务骨干人才，不仅能在关键业务、科研岗位发挥重要作用，还能充分带动年轻人才快速成长，挖掘年轻人才的工作潜能。

(3) 加强创新团队建设

随着社会发展，各行各业对创新的要求不断提高，而气象科技的创新和拓展需要气象人才资源持续创新能力的不断提高来保障。重视创新团队的建设，为广大气象科技人才搭建学术交流、先进技术交流、科研成果交流等平台，提供锻炼、表现、施展才华的机会，以充分带动广大气象科技人才开拓思路，创新思维，做出真正有创新的科研成果和学术成果。

(4) 搭建充分发挥人才潜能的各种平台

气象部门和气象单位是一支由高素质人才组成的人才队伍，他们具有无限的想象力和创造力。各个层级的气象部门都应为气象人才搭建施展才能才华的各种平台，特别是进入信息化时代，可以考虑建立全气象系统人才展示气象科技水平和能力的大平台，实现成果转化有平台、成果应用效益可共享，使气象人才使用价值得到充分发挥。

7.1.5　优化配置高层次气象人才

在全面加强人才资源建设的同时，优化配置高层次气象人才应成为地市级以上气象部门考虑的重点。从气象部门人才资源现状分析，气象部门高层次人才更多集中在国家级科研、业务单位以及科研院所。长期以来，受大环境的影响，气象部门高层次人才的评价与认定，同样更偏重于科研成果承担与验收、论文论著等指标，而成果的转化应用、解决气象科技实际问题的能力并未受到应有的重视。

近两年来，中央连续多次下发关于人才发展和人才评价的文件，明确指出要创新人才评价机制，重点考察专业技术人才的职业道德，突出评价业绩水平和实际贡献，克服唯论文、唯职称、唯学历、唯奖项的倾向。气象部门认真落实中央文件精神，根据国家对人才发展的要求，结合气象事业发展特点，全方位调研气象事业发展对不同岗位方向、不同区域高层次气象人才提出的具体要求，加强人才评价指标的研究，构建新的更加注重实绩的高层次人才评价指标，改革气象高层次人才职称评审标准，更加注重气象高层次人才的工作实际能力、解决实际工作中的技术问题水平、实际成果的转化应用与效益，全国气象部门通过实施新的评价标准和评审办法，涌现出了一大批扎根业务第一线和能有效解决气象业务服务中科技问题的高层次人才。具体还可以从以下几方面着力：

首先，为充分发挥各级气象部门高层次人才作用，地市级以上气象部门应发挥垂直管理的优势，打破思维定式，按照气象部门业务服务科研成果共享、人才共享的思路，制定相应的政策，建立共享机制，促进气象高层次人才在部门内越层级承担开发研究任务、带培科技队伍、组建创新团队，根据高层次人才的专业特长和不同地区需要，支持鼓励气象专家自由组建气象业务服务所需要的创新研究队伍，真正实现高层次气象人才资源共享。

其次，气象高层次人才政策应向相对后进区域倾斜。一般来讲，在气象现代化发展相对后进区域，高层次气象人才不足是其短板。因此，务实的高层次人才政策，应考虑不同区域、不同层级气象部门人才评价和使用的差异性，切实加强相对后进地区、基层气象部门人才政策的倾斜力度，在资金支持、科研项目评审、出国进修、国际国内高层次人才培训及交流等方面予以倾斜。

最后，加强高层次气象人才队伍建设，一定要有国际视野、全球远见，需要注重引进和吸引高层次气象人才。在人才选拔上要有全球视野，下大气力引进高端人才，不管是哪个国家、哪个地区，只要是优秀人才，都可以为我所用。气象行业作为科技型、国际参与度较高、发展迅速的行业，在高层次人才的引进上要有全球视野。气象部门要建立国际范围的高层次气象人才数据库，要树立"不求为我所有，但求为我所用"的人才引进理念，打造高品质的气象人才工作品牌，吸引国际高层次气象人才为中国气象事业的发展贡献才智。

7.2 新时代气象人才可持续发展的建议

人才发展战略必须适应当前及未来的外部环境要求，需要对当前的战略环境进行战略性分析和前瞻性探讨。全球及全国社会经济的发展以及国家气象事业的发展都对气象人才工作产生影响，尤其是近年来我国气象事业取得的发展和成就，为气象人才工作提供了难得的发展机遇，同时，也对人才素质提出了更高的要求。因此，必须紧紧围绕我国气象事业战略要求，深化气象人事制度改革，建立和完善与社会主义市场经济体制相适应的气象人才管理体制，不断提高人事人才管理的信息化水平，不断增强气象人才资源的总体实力，调整和优化气象人才资源的结构布局，建立引进和培养齐头并进的气象人才发展战略，以培养高层次、高技能人才为重点，基本形成规模适度、结构合理、素质优良、开拓创新、适应现代气象业务技术体制需要的气象科技人才队伍。

7.2.1 完善复合型气象人才培养体系

围绕现代气象业务体系建设，以解决气象事业发展重点领域业务科研难题和关键技术为重点，以业务科技项目为载体，通过创新人才工作机制，在气象及相关领域形成以高层次人才为核心、以骨干人才为主体的创新团队，建立复合型人才的团队模块化培养机制，全面带动复合型气象人才体系建设。

多层次、全方位加大复合型气象青年人才引进、培养和使用，完善人才库建设，丰富人才资源储备。重视引进毕业生的综合素质和专业知识结构，加强从引进到继续教育培训和重视使用的全程管理，逐步解决专业知识结构过于集中和复合型人才短缺的问题。在实际工作中,对青年人才依据业务交叉原则实行"一人双岗、双岗双责",促进业务知识的交流与工作能力的提升,为优秀复合型气象青年人才搭建锻炼、成长的平台。加大青年人才岗位交流力度,通过上挂下派、岗位交流等形式进行多岗位锻炼,在重大业务科研项目、重大工程的立项和实施中大胆使用优秀青年人才,让他们在关键岗位上锻炼成长,推进复合型气象人才队伍建设。

推进国家级和省级气象业务服务单位综合改革,一方面,按照相同和相近业务服务职能单位或气象业务服务规模较小单位改革组合为一个独立单元,有利于促进气象专业人才获取更丰富的信息资源,成长为复合型人才;另一方面,让更多事业单位从事行政管理的气象人才资源向气象业务服务岗位集中,既可以相对增加气象人才资源总量,也有利于这类气象人才成长为复合型人才。

7.2.2　建立团队模块化和跨部门人才互动机制

7.2.2.1　形成稳定的气象科技创新主力军

围绕重大气象科研计划重点领域,以项目为纽带,培育构建一批能够基本覆盖主要气象业务领域,方向稳定、任务明确、协同攻关、持续发展的科技创新团队,形成稳定的气象科技创新主力军。鼓励各创新主体依据自身优势、围绕业务发展需求,构建各具特色的科技创新团队。通过重大气象科学研究计划的实施,分领域培育和组建中国气象局科技创新团队,支持优秀团队申报国家级创新团队;支持鼓励区域中心围绕区域重大共性科技攻关组建相应创新团队;支持鼓励各省围绕本省核心关键科技攻关和特色领域发展需要组建创新团队。同时,应加强创新团队动态管理。建立人事和科技主管部门、依托单位、学术带头人三方协调的管理机制,相关部门在人力、物力、财力和科技资源方面积极支持和保障团队开展工作,使气象创新团队真正成为聚集气象人才资源的高地。

7.2.2.2　创建气象人才培养开放式平台

建立并完善气象部门内部上下级、同级之间,以及与其他部门之间的人才互派、合作交流机制,为复合型气象人才培养提供开放式平台。当前,气象服务已经成为社会公共服务的重要组成部分,除传统的气象业务服务外,还要满足各级政府及其相关部门、经济社会发展的新需求。如防灾减灾服务、预警信息服务、农业气象服务、水文气象服务、海洋天气服务、航空天气服务、道路天气服务、城市天气和空气质量服务、生物气象和人类健康服务等。气象多领域服务需要气象部门与农业、水文、海洋、航空、公路、环保、卫生等相关部门进行沟通与协调。建立气象部门与其他部门的跨部门人才交流机制，可以促进气象业务服务人才熟悉并理解跨学科知识，通过融入其他部门获得实地交流与学习的机会，迅速提升自身跨部门服务的实践能力。同时，跨部门交流有利于气象部门与其他部门在当前与未来的业务交流与合作，提升气象业务服务人才与其他部门人员的合作能力，为未来气象事业的科学发展、持续快速发展提供人才保障。

7.2.2.3 建立与信息化发展相适应的气象人才资源展示平台

信息化发展为实现人才资源使用价值极大化提供了充分的技术条件，现在各类人才资源都可在网络平台上找到用武之地，在网络平台作用下传统单位原有的人才理念已经受到很大冲击。气象部门是一个高科技信息化部门，最有条件实现气象人才资源网络化配置，如气象网络诊断、网络气象维修维护指导、网络气象培训教育、气象成果网上开发利用、网络专业专项气象服务等，所需要的气象人才资源可以不再局限于某一部门某一单位。如果建成气象人才资源网络平台，气象人才资源就可以得到极大利用，气象企事业单位和科研院所、高等院校气象人才资源均可在该平台发挥作用。

7.2.3 激发各类人才的工作积极性和创新能力

7.2.3.1 充分发挥研究计划首席科学家的作用

可组建以重大科研计划首席科学家为主、重点领域科技领军人才为骨干、国家级中试基地为依托的首席科学家支撑团队。全力支持首席科学家及其支撑团队紧密跟踪相关领域科技动态，及时分析业务发展需求，凝练关键科技问题，梳理重点科研任务，提出滚动修订并组织实施研究计划；提出年度科技项目指南，统筹设计并组织实施重大科技项目；指导相关领域气象科技创新团队建设并参与其考核评估。积极支持首席科学家及其支撑团队履行职责，并提供必要的保障。

7.2.3.2 造就和遴选科技领军人才

依据《中国气象局科技领军人才管理实施细则》，围绕重点领域和重大科研方向，锤炼和造就一批高水平的气象科技领军人才，不断增加领军人才总量，支持更多专家新入选国家级高层次人才工程。

7.2.3.3 加强科研骨干和青年人才的培养

面向气象现代化需求，通过支持承担科研项目、参与学术和技术交流，以及完善更加有效的激励措施等方式，加快培养和造就一批能够在重要科学研究、关键技术研发、科技成果转化等关键岗位发挥重要作用的骨干人才和青年人才。高度重视少数民族地区和西部地区科技人才的稳定与培养工作，着力提升这些地区的科技人才整体水平。

7.2.3.4 稳步推进基层气象人才队伍建设，统筹各类人力资源，解决基层人才短缺问题

实施高端人才培养和引进计划，倡导岗位技能培训和培养，大力开展岗位技能竞赛活动，统筹国家气象编制、地方编制及编外用工，探索引进大气科学类本科毕业生方法和用人机制，切实改善基层台站人才短缺状况。树立全盘观念，用长远眼光看待人才培养。逐步建立和完善能上能下、能进能出，开拓进取、勇于创新的用人机制。根据气象业务服务不同领域的不同特点，基于综合能力和专业水平，因才设岗轮岗，唯才是用。让专业技术人员在本单位的合理流动变成常态，为人才培养营造更多的选择和发展空间，促进人才创新潜能的发挥。

7.2.4 突破市县气象人才资源层级体制制约

传统气象业务技术体制是在气象业务技术和经济社会发展相对比较落后时期所形成的体制，相应的气象人才资源也按照层级进行配置和分布。在信息化时代，由于支撑气象业务服务发展的技术发生了根本变化，已经具备了有条件逐步突破气象人才资源层级体制制约，按照集约化和一体化首先解决地市县级气象人才资源配置问题，使基层气象人才资源得到更加充分的发展和发挥更大效益。

7.2.4.1 发挥气象体制优势，强化气象人才资源统筹设计

充分发挥气象部门"双重领导、部门为主"的管理体制优势，从根本上改变基层"各自为政"的气象人才资源观念。强化地市级气象机构的牵头作用，从服务地市县、城乡一体化和提升全市气象事业发展整体实力的角度，由地市级气象机构制定全市统一的战略规划，在地市县一体化这个大平台上统筹考虑市县级气象机构设置、功能布局、职责分工、基础设施、业务系统、人才管理、资金投入等，科学配置气象人才资源，引导集约有限的资源，形成上下整体合力，并在工作部署中明确工作目标、实施步骤和主要措施，推进地市县级气象事业一体化发展，以实现地市县级气象人才资源统一配置和更加科学合理的分工。

7.2.4.2 推进综合改革，重新配置气象人才资源

推进基层气象机构的综合改革，通过调整重新配置地市县级气象机构的资源和气象人才资源，合理分工、理顺关系，突出地市级气象机构在气象业务支撑、科技创新、科技服务方面的主体作用，县级气象业务服务纳入地市级一体化平台；强化县级气象管理机构作为同级人民政府气象工作主管机构的定位，形成由气象行政管理、气象业务服务和社会化气象服务三部分组成的新型事业结构，县级管理机构履行其气象防灾减灾、公共气象服务和社会管理工作的职能，以利于提升地市县级国家气象编制人才资源综合能力，延伸加强对乡镇、社区、村组的气象服务组织管理，以利于扩大基层气象人才资源。

7.2.4.3 调整业务布局，优化气象人才资源与岗位科学匹配

为进一步提高地市县级整体公共气象服务能力，提高服务针对性和质量，更有效发挥气象人才资源的显能潜能，在优化业务布局时，要理顺各项业务之间的关系，用"加减法"合理划分地市县级的职责。在巩固基本气象综合观测业务优势的基础上，按照强化公共气象服务的要求，逐步增加专业气象观测的内容，增加气象灾害监测预警服务的内容，把重复的、可以由地市级业务单位替代的任务从县级气象部门减掉，统筹地市县级气象机构的资源，合理分工、理顺关系，逐步提高观测自动化水平，研发适合县级气象机构的业务服务、信息共享平台，实现业务服务的自动化、智能化、集约化、一体化，以利于提高县级气象部门的工作效率，更有效地发挥地市县级气象人才资源的作用。

7.2.4.4 建立运行机制，强化气象人才资源规范管理

推行地市县级气象事业一体化发展和气象人才资源统一配置，涉及许多制度性改革问题，必须建立有效的管理协调机制、工作运行机制，制定详细的气象业务、科技服务、财务管理、人事管理等配套运行方案，明确收入分配、目标考核、绩效评价等管理办法，在规范化管理上下功夫，提高一体化发展的合作分担、成果共享程度。从目前部分省份执行的人事政策看，气象人才资源实现地市县级集约化和一体化已经不存在地方明显的政策性障碍因素。

7.2.5 建立气象人才终身学习教育培训体系

7.2.5.1 大力支持气象普通教育工作

教育部、中国气象局统筹指导和支持大气科学学科建设、大气科学研究平台

建设、气象人才培养基地建设、气象教学资源库建设，建立气象资料、气象平台开放共享机制。教育部在协同创新中心、国家级工程研究中心等方面给予指导或政策支持；通过教育部、财政部实施的高等学校本科教学质量与教学改革工程（简称"本科教学工程"）项目，支持有关高校开展大气科学相关专业综合改革、建设校外实践教育基地、加强课程建设与开放共享。中国气象局应进一步深化局校合作，对高校在气象实践教学平台建设、气象教学基础设施建设、气象科技项目研究和成果转化等方面给予支持；设立气象教材建设专项资金，支持专业教材建设。各地教育行政部门和气象主管部门要高度重视气象人才培养工作，结合当地实际，指导有关高校与企业加强合作，创新人才培养机制，提升气象人才培养水平，为气象事业发展提供人才和智力支撑。

7.2.5.2 构建气象干部教育培训体系

考虑到气象部门的专业特点，干部教育与专业教育密不可分，社会培训机构难以替代。因此，要构建满足终身教育培训需要和不同层次、类别、岗位需求的气象教育培训体系，以提升气象干部教育培训的规模和效益。一方面，有关高校要有计划地组织青年教师赴气象业务科研单位挂职或合作科研，增强教师的实践能力，实现气象部门和高校科教合作、协同育人；同时气象培训部门应重视业务培训体系课程建设，开发涉及业务、服务和管理的高质量气象培训课件，提高培训质量，逐步构建气象干部教育培训体系，并且积极履行和承担国际培训义务及责任，提高气象教育培训的国际影响力。另一方面，要提高气象人才的自主学习意识，积极宣传"活到老、学到老"的学习精神，鼓励气象干部在工作之余积极充电、主动学习，顺应时代潮流，不断提升自身素质和服务社会的能力。

7.2.6　完善气象人才评价政策

气象部门是由气象业务服务、气象科研、气象培训教育和气象行政管理等不同职业岗位人才资源构成的部门，不同类别职业和岗位的人才评价政策就是指挥棒。因此，应当继续完善气象人才评价政策，特别是建立健全专业技术人才分类评价制度，建立和完善以专业岗位职责要求为基础，以业绩为核心，由品德、知识、能力和贡献等要素构成的专业技术人才评价指标体系，克服唯学历、唯论文倾向，以提高预报预测质量、解决气象业务科研关键技术问题和科技创新能力等为导向开展人才评价；建立科学的干部绩效考评制度，坚持注重实绩、群众公认、研究建立体现科学发展观要求的领导干部政绩考核评价指标体系，根据不同职务层次、不同岗位特点，确立各有侧重、各具特色的考核内容和考核指标。积极采用各种现代人才测评技术，创新评价方法，努力提高人才评价的科学性。

在此基础上，应更加突出完善气象科技创新人才评价制度。对气象科技创新人才应强化岗位责任和考核，把对解决现代气象业务发展中重大关键科技问题的实际贡献作为核心标准，促进科技人员出成果、出效益。对评价结果为优秀的科技人员在年度考核、岗位聘用、职称晋升、绩效分配及人才遴选、评奖等方面予以优先支持。对开展基础研究和应用基础研究的创新团队，主要评价其研究内容的科学价值、学术水平、在国内外的影响力，以及科技人才培养情况。对开展技术开发和成果转化应用的创新团队，应主要评价其在优势领域的技术开发和综合集成能力、成果业务转化应用成效和团队运行管理水平，以及科技人才培养情况。实行优胜劣汰，对评价结果为优秀的创新团队，优先支持科技项目和申报奖励。

主要参考文献

大卫·李嘉图，1962. 政治经济学及赋税原理[M]. 郭大力，王亚南，译. 北京：商务印书馆.

桂昭明，2002. 人才国际竞争力评价指标体系[J]. 中国人才(10)：47.

中国科学院可持续发展研究组，2003—2015. 2003—2015中国可持续发展战略报告[M]. 北京：科学出版社.

江苏省人事厅课题组，2002. 提升区域人才竞争力是江苏人才发展战略的核心目标[J]. 中国人才(9)：44-46.

黎灿辉，2010. 城市人才竞争力评价指标体系构建[D]. 杭州：浙江大学.

李长峰，张志明，曾建权，等，2014. 人才竞争力评价指标体系研究——基于广东省的调查和思考[J]. 第一资源(1)：56-65.

邵兵，2013. 海南省人才竞争力评价与建议[J]. 经济研究导刊(1)：129-131.

苏琴，2014. 城市人才竞争力评价指标体系理论分析框架[J]. 中国市场(4)：51-53.

阳毅，李廉水，2009. 中国区域人才竞争力指标体系研究述评[J]. 统计与决策(12)：150-152.

杨河清，陈红，边文霞，2006. 首都区域人才竞争力评价指标体系的构建[J]. 首都经济贸易大学学报(5)：19-28.

杨河清，吴江，2006. 区域人才竞争力评价指标体系构建的几点思考[J]. 人口与经济(4)：37-40.

于新文，2018—2019. 中国气象发展报告2018—2019[M]. 北京：气象出版社.

赵紫燕，于飞，2017. 中国区域人才竞争力研究报告(2017)[J]. 国家治理(22)：3-25.

中共中国气象局党组，2019. 中共中国气象局党组关于学习贯彻习近平总书记重要指示、李克强总理批示和胡春华副总理讲话精神的通知(中气党发〔2019〕112号)[Z].

《中国气象发展报告2020》编委会，2020. 中国气象发展报告2020[M]. 北京：气象出版社.

中国气象局，2009. 中国气象局关于加强气象人才体系建设的意见(气发〔2009〕25号)[Z].

中国气象局计划财务司，2007—2017. 气象统计年鉴2007—2017[M]. 北京：气象出版社.